全国青少年机器人技术等级考试三四级指定教材

智能硬件项目教程——基于 Arduino（第 2 版）

中国电子学会
上海享渔教育科技有限公司　编著

U0245391

北京航空航天大学出版社

内容简介

本书主要通过项目学习(PBL,Project Based Learning)的方式综合讲解 Arduino 编程基础和电子电路基础,对第 1 版的部分内容进行了更新,具体介绍了 Arduino IDE、Mixly、Arduino UNO 控制器、C语言编程、传感器、执行器、反馈型机器人等相关知识。通过精心设计的课程,让学生由浅入深地了解 Arduino 软件、智能硬件的性能和使用方法,锻炼学生的程序逻辑思维能力,通过编程和使用智能硬件完成自己的创意。

本书是全国青少年机器人技术等级考试(三、四级)的指定教材;同时,还可作为非电子类、计算机等专业智能硬件的入门教程,以及中小学科技教育课程教材,也可供 Arduino 的初学者和爱好者使用。

图书在版编目(CIP)数据

智能硬件项目教程:基于 Arduino / 中国电子学会,
上海享渔教育科技有限公司编著. -- 2 版. -- 北京:北
京航空航天大学出版社,2019.2
  ISBN 978 - 7 - 5124 - 2946 - 8

Ⅰ. ①智… Ⅱ. ①中… ②上… Ⅲ. ①单片微型计算
机—程序设计—教材 Ⅳ. ①TP368.1

中国版本图书馆 CIP 数据核字(2019)第 032613 号

智能硬件项目教程——基于 Arduino(第 2 版)

中国电子学会
上海享渔教育科技有限公司   编著

责任编辑   杨   昕

*

北京航空航天大学出版社出版发行

北京市海淀区学院路 37 号(邮编 100191)   http://www.buaapress.com.cn
发行部电话:(010)82317024   传真:(010)82328026
读者信箱:emsbook@buaacm.com.cn   邮购电话:(010)82316936
艺堂印刷(天津)有限公司印装   各地书店经销

*

开本:710×1 000   1/16   印张:12.5   字数:266 千字
2019 年 2 月第 2 版   2021 年 7 月第 9 次印刷   印数:23 001~27 000册
ISBN 978 - 7 - 5124 - 2946 - 8   定价:65.00 元

序

　　智能制造是新一代信息技术与工业制造深度融合的必然形态，是我国在未来获得竞争优势，迈入工业制造强国的必由之路。智能设备、传感器、软件、通信、物联网、大数据、人工智能等技术的蓬勃发展，不仅深刻地改变着产业发展，也让我们的社会生活变得更加智能高效、丰富多彩。

　　机器人技术，是衡量一个国家科技创新和高端制造业水平的重要标志。大力推动机器人技术创新与行业发展，关键在于人才的培养。少年强，则国强。通过机器人这一全新载体，不仅要让更多的青少年了解智能化技术的发展，掌握智能硬件与软件的基础技术，更要通过丰富的实践活动，让孩子们在创新中学习，在实践中成长。

　　2003 年，中国电子学会受上级委托，启动电子信息技术资格认证工作；2015 年，中国电子学会应用同一体系，启动了全国青少年机器人技术等级考试工作，并制定了相应的标准体系和管理规范。这不仅是传播机器人技术的科普活动，也是实现我国青少年信息科技素质全面提升的有益尝试。为了配合等级考试工作的开展，我们通过全国青少年电子信息科普创新联盟，启动了教学系列丛书的编写。本书充分适应我国中小学生的认知心理和水平，以当今主流的机器人开源硬件、软件编程、基础电子知识为主要内容，将孩子们引入一个生动有趣、互动性强、实践性强的机器人世界。

中国电子学会普及工作委员会
全国青少年电子信息科普创新联盟
2019 年 1 月

前　言

随着 Arduino 等开源软硬件和互联网社交学习平台的大规模普及，科技创新的门槛和成本得以大幅度降低。不论是中小学生还是成年人，也不论是从事制造行业还是从事人文艺术行业，都可以很快地利用这些以 Arduino 为代表的开源硬件，结合自己的创意和自身经历，将自己的想法变成各种充满想象力且可以实现的作品。

本书基于全国青少年机器人技术等级考试标准三、四级的要求，以 Arduino 开源硬件为核心，讲解了其相关软件使用、电路搭建、编程语言、硬件结构、物理、数学等跨学科知识，以项目为导向在实践中学习，是适合中小学机器人技术学习者及开源硬件入门学习者的教材读本。

本书还有一个亮点，那就是配合 Arduino 智能硬件创新课程套件，让学习者可以摆脱由复杂硬件和结构搭建所带来的高门槛，更好地集中时间和精力于学习本身，大大提高了学习的效率和趣味性。

谁应该读这本书？

本书是写给需要准备全国青少年机器人技术等级考试三、四级考试及相关学习的读者。同时，也是进行 Arduino 等开源硬件入门学习者所需的参考教材。

本书讲什么？

本书共 10 章，分为三个部分：

● 第 1～4 章为基础入门部分，讲述 Arduino 基础知识、基本电子电路知识及简单的传感器和执行器（其中包含 LED、光敏电阻、蜂鸣器、按键开关等）。

● 第 5～6 章为进阶部分,着重讨论如何在学习新知识的同时,综合运用这些知识去解决实际问题。

● 第 7～10 章为提高部分,通过智能小车机器人,深入探讨 Arduino 在机器人控制方面的运用,锻炼读者分析和解决较复杂问题的能力。

本书的第 1～6 章对应全国青少年机器人技术等级考试三级内容;第 2～10 章对应全国青少年机器人技术等级考试四级内容。

相关的其他资源还有什么?

全国青少年机器人技术等级考试和相关信息及查询,请登录全国青少年电子信息科普创新服务平台 www.kpcb.org.cn,网站二维码如下:

本书的源代码及书中机械结构的搭建可以在 www.imakeedu.com《Arduino 智能硬件项目实战指南》中下载。下面的微信公众服务号提供了更多关于本教材的技术支持、器材选购、课程内容和师资培训等方面的信息。

本书由中国电子学会和上海享渔教育科技有限公司联合编写,第 1 版第 1 章的 1.1、1.2、1.3、1.8 节和附录 A 由程晨编写,其他章节由曹盛宏编写;再版编写由彭昆负责并完善。本次再版纠正了第 1 版中的笔误和不严谨的术语,使用了更容易被中小学生所理解的语言做解释和表述,并采用了自主设计的插图让整本书更加美观易读,旨在提升学生阅读本书的学习体验。

前　言

本书在编写过程中得到了中国电子学会普及工作委员会杨晋副秘书长、前 Arduino 董事总经理陈愈容女士、北京师范大学白明教授等人的大力协助与支持，谨此向他们表示衷心的感谢！

由于时间仓促，加之作者水平有限，书中难免会有错误和疏漏的地方，恳请各位专家和读者批评指正。

编　者

2019 年 1 月

目　　录

第 1 章　走进智能殿堂 ·· 1

1.1　电子时代 ··· 1

1.2　开源硬件 ··· 1

1.3　什么是 Arduino ··· 2

1.4　Arduino UNO 控制器 ·· 2

1.5　国内开源控制器简介 ·· 3

1.6　Arduino 学习套件 ··· 4

1.6.1　Arduino 学习套件元器件清单 ·· 4

1.6.2　使用 Arduino 控制器及其他电子元器件的注意事项 ························ 5

1.6.3　Arduino UNO 控制器功能简介 ··· 6

1.6.4　Arduino UNO 端口扩展板功能简介 ······································· 9

1.6.5　面包板 ··· 10

1.6.6　学习平台结构安装 ··· 11

1.7　Arduino 软件及驱动安装 ··· 12

1.7.1　Arduino IDE 的下载及安装 ··· 12

1.7.2　Arduino IDE 初始设置 ·· 14

1.7.3　Arduino UNO 控制器驱动程序安装 ······································ 14

1.7.4　上传系统例程 Blink. ino 程序到 Arduino UNO 控制器 ···················· 17

1.7.5　编写自己的"Hello World"程序 ·· 20

1.7.6　Arduino IDE 编程语言参考 ··· 22

1.7.7　基本语法规则 ·· 23

1.8　米思齐简介 ·· 23

1.8.1　软件获取 ·· 24

1.8.2　界面介绍 ·· 25

1.9　本章思考题 ·· 27

第 2 章　炫彩流水灯 ··· 28

2.1　基本概念 ·· 28

2.1.1 电压、电流、接地 ································· 28

2.1.2 电阻和电阻器 ································· 30

2.1.3 欧姆定律 ································· 31

2.1.4 短 路 ································· 32

2.1.5 电路搭设注意事项 ································· 32

2.1.6 元器件技术参数 ································· 32

2.1.7 元器件及电源引脚标识 ································· 32

2.1.8 信号、模拟信号、数字信号 ································· 33

2.2 器件介绍 ································· 33

2.3 项目一:搭建第一个电路 —— 串联电路 ································· 34

2.4 项目二:搭建第二个电路 —— 并联电路 ································· 36

2.5 项目三:搭建第一个程序控制电路 —— 闪烁 LED 灯 ································· 37

2.6 项目四:炫彩流水灯 ································· 42

2.7 本章思考题 ································· 47

第 3 章 智能红绿灯 ································· 49

3.1 基本概念 ································· 49

3.2 器件介绍 ································· 50

3.3 项目一:通过按键开关点亮 LED 灯 ································· 51

3.4 项目二:蜂鸣器响起来 ································· 59

3.5 项目三:智能红绿灯 ································· 62

3.6 本章思考题 ································· 69

第 4 章 呼吸灯 ································· 70

4.1 基本概念 ································· 70

4.1.1 几种常用数制 ································· 70

4.1.2 几种常用数制间的转换 ································· 71

4.2 器件介绍 ································· 73

4.3 项目一:读取电位器的模拟信号值 ································· 74

4.4 项目二:通过电位器控制 LED 灯的亮度 ································· 77

4.5 项目三:通过光敏电阻调整 LED 灯的亮度 ································· 81

4.6 项目四:呼吸灯的制作 ································· 84

4.7 数字信号/模拟信号操作函数 ································· 86

4.8 本章思考题 ································· 87

第 5 章　迎宾机器人 ………………………………………………… 88

5.1　器件介绍 ……………………………………………………… 88

5.2　项目一：舵机动起来 ………………………………………… 89

5.3　项目二："世界那么大，我想去看看" ……………………… 94

5.4　项目三：超声波测距 ………………………………………… 99

5.5　项目四：距离说出来 ………………………………………… 102

5.6　项目五：迎宾机器人 ………………………………………… 106

5.7　本章思考题 …………………………………………………… 113

第 6 章　红外遥控调速小风扇 ………………………………… 114

6.1　基本概念 ……………………………………………………… 114

6.1.1　导体、半导体、绝缘体 ………………………………… 114

6.1.2　二极管 …………………………………………………… 114

6.1.3　晶体管 …………………………………………………… 115

6.1.4　双极型晶体管 …………………………………………… 115

6.2　器件介绍 ……………………………………………………… 116

6.3　项目一：红外遥控控制 LED 灯 ……………………………… 118

6.4　项目二：按键控制直流电机的启停 ………………………… 123

6.5　项目三：红外遥控调速小风扇 ……………………………… 127

6.6　本章思考题 …………………………………………………… 133

课中项目设计 ………………………………………………………… 134

第 7 章　搭建智能小车 …………………………………………… 135

第 8 章　红外遥控智能小车 ……………………………………… 136

8.1　基本概念 ……………………………………………………… 136

8.2　项目一：让智能小车动起来 ………………………………… 138

8.3　项目二：红外遥控智能小车 ………………………………… 144

第 9 章　反馈型智能跟随小车 …………………………………… 148

9.1　基本概念 ……………………………………………………… 148

9.1.1　反馈型移动机器人 ……………………………………… 148

9.1.2　开环控制和闭环控制 …………………………………… 149

9.2　项目：反馈型智能跟随小车 ………………………………… 150

第 10 章　利用差分技术的智能小车 ·· 154

　　10.1　基于差分传感器的归航行为 ·· 154

　　10.2　器件介绍 ··· 155

　　10.3　项目一：循迹归航小车 ·· 156

　　10.4　项目二：寻光归航小车 ·· 160

　　10.5　项目三：差分避障小车 ·· 163

结业项目设计——疯狂迷宫 ·· 167

附录 A　Mixly 各功能模块介绍及使用 ·· 169

　　A.1　Mixly 各功能模块介绍 ··· 169

　　　A.1.1　输入/输出 ·· 169

　　　A.1.2　控　制 ··· 171

　　　A.1.3　数　学 ··· 172

　　　A.1.4　文　本 ··· 174

　　　A.1.5　数　组 ··· 174

　　　A.1.6　逻　辑 ··· 175

　　　A.1.7　通　信 ··· 176

　　　A.1.8　存　储 ··· 178

　　　A.1.9　传感器 ··· 179

　　　A.1.10　执行器 ·· 180

　　　A.1.11　变量和函数 ··· 180

　　A.2　模块使用说明 ··· 182

附录 B　语音模块内容对照表 ··· 184

索　　引 ··· 185

参考文献 ··· 187

第 1 章　走进智能殿堂

1.1　电子时代

1880 年 2 月的某天,发明大王爱迪生通过各种试验,寻找用于电灯泡灯丝的最佳材料。他在真空电灯泡内部碳丝附近安装了一小截铜丝,希望铜丝能阻止碳丝蒸发。但他失败了,不过在失败中他无意间发现,没有连接在电路里的铜丝,却因接收到碳丝发射的热电子而产生了微弱的电流。1883 年他为这一发明申请了专利并于1885 年为其命名为"爱迪生效应"(即热发射),当时由于爱迪生正潜心研究城市电力系统,所以没有对这个现象做深入的研究。

经过了 20 年的等待,1904 年,英国物理学家弗莱明在英国为他发明的电子管(真空二极管)申请专利。第一个电子管专利的问世标志着世界从此进入了电子时代。电子时代的早期,电子技术与机械加工和工业制造的关系并不密切,主要集中在信号处理和数字计算上。1946 年,世界上第一台通用计算机"ENIAC"诞生了,它用了 1.8 万只电子管,占地 170 m^2,重 30 t,耗电 150 kW。它被美国陆军的弹道研究实验室(BRL)所使用,每秒可进行 5 000 次运算,这在现在看来微不足道,但在当时却是通用计算机运用的一次飞跃。

第一台通用计算机诞生的同一时期电子技术开始与机器结合,应用电子技术能够帮助运行中的机械装置获取环境变量,以调节机械装置运行的强度或状态,目的是希望机械装置能够协助或取代人类的工作或是完成一些危险的人类无法完成的工作。本书就是介绍将电子技术加入到机械装置中,通过电子信号控制机械设备完成一些简单的任务。

1.2　开源硬件

早期的电子控制器是由大型电子元件搭建而成的,这样的控制器不但连线复杂,而且也不太容易理解其工作原理。随着电子技术的发展,人们开发出可编程的控制器,由于本书是机器人技术的普及图书,所以书中直接采用了能够烧写程序的控制器。考虑大家学习的便利性,本书使用的是开源的控制器——Arduino,即开源硬件。

1

开源硬件是开源文化的一部分，指在设计中公开详细信息的硬件产品，包括结构件、电路图、材料清单和控制代码等。开源文化，是相对于闭源文化来说的，指的是软硬件的资源和源代码是开放的，而且是可以免费获取的。应用开源思想，可以最大限度地集成各种各样的天才思想和设计，使原本开源的软件和硬件系统更加完善。

不同于开源软件的完全免费性，开源硬件是有制造成本的，一般来说开源硬件中的软件部分是完全免费的、可以复制分发的，硬件部分的价格定位在能够保持项目持续发展的最低价格，以保证产品的质量。开源硬件的所有知识产权都没有被保留，所有人都可以使用和改进，制作新的衍生产品，但有一点，基于开源硬件的衍生产品也必须是开源的。但是例如 Arduino，其商标是受法律保护的。

本书中采用的开源控制器是 Arduino UNO。

1.3　什么是 Arduino

提到开源硬件，最知名的就是 Arduino。可以说是 Arduino 从真正意义上推动了开源硬件的发展，在 Arduino 出现以前，虽然也有很多公司在推广一些简单易用的可编程控制器，但是由于开发平台种类繁多，而且使用这些控制器基本上都需要对电子技术、数字逻辑、寄存器等内容进行多方面的了解和学习，才能完成一个电子产品的制作。这就给开源硬件的推广和普及设置了一个很高的门槛，电子爱好者需要花费很多时间和精力才能开始开发和制作自己的作品。而使用 Arduino 能很快地完成一个电子产品的制作，这是由于 Arduino 提供了一个开放易学，进入门槛相对较低的开发平台，让电子爱好者对于开源硬件的广泛使用变成了可能。

1.4　Arduino UNO 控制器

Arduino 源于意大利的伊夫雷亚（Ivrea），伊夫雷亚的阿尔杜伊（Arduin）是大约 1 000 年前的意大利国王。Arduino 是意大利语中男性用名，意思是"强壮的朋友"。而 UNO 代表的是 Arduino 系统控制器的型号，Arduino UNO 控制器如图 1-1 所示。除了 UNO 控制器以外，还有很多采用其他单片机（MCU）的控制器。Arduino 除了 UNO 外还有其他单片机型号的控制器，如图 1-2 所示的 Mini 和 Nano。

图 1-1　Arduino UNO 控制器

图 1 - 2　Arduino Mini 和 Arduino Nano 控制器

1.5　国内开源控制器简介

国内开源控制器种类很多,图 1 - 3(a)所示为泺喜 LuBot 控制器,图 1 - 3(b)所示为瓦力工厂控制器,图 1 - 3(c)所示为美科科技的 microduino 控制器。

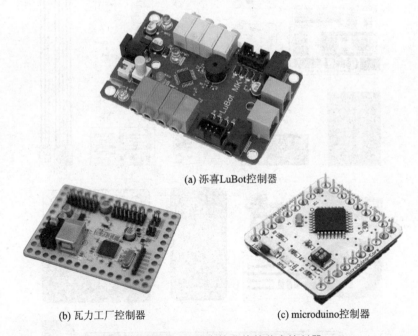

(a) 泺喜LuBot控制器

(b) 瓦力工厂控制器　　　　　　　　　(c) microduino控制器

图 1 - 3　采用 328P 主控芯片的兼容控制器

1.6 Arduino 学习套件

1.6.1 Arduino 学习套件元器件清单

创新能力是我们构建未来世界的基本能力。对于学生来说，Arduino 开源硬件无疑是最合适的科技创新平台，能够结合制作和现代数字加工技术，做出完整的作品。"工欲善其事，必先利其器"。让我们一起来探索开源硬件的奥秘，创造出属于你自己的作品！

本书以设计和控制一个智能小车为主线，所以器材上也是围绕这个主线搭配的，在掌握了书中的内容之后，大家可以根据自己的想法搭建自己的智能装置。

学习套件元器件如图 1-4 所示，其中相关器件说明如表 1-1 所列。

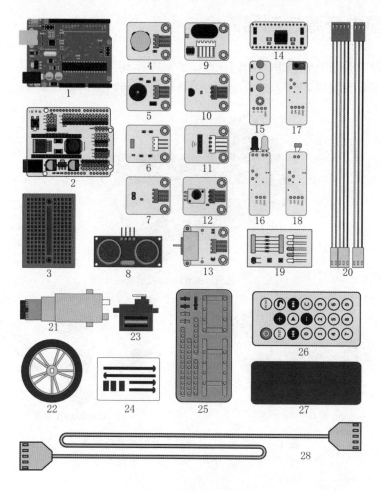

图 1-4 学习套件元器件

表 1-1 学习套件元器件说明

序 号	名 称	序 号	名 称	序 号	名 称
1	Arduino UNO 控制器	11	超声波转接板	21	减速电极
2	UNO 扩展板	12	电位器模块	22	车轮
3	面包板	13	小马达模块	23	舵机(伺服电机)
4	按键模块	14	电极驱动模块	24	尼龙螺丝包
5	蜂鸣器模块	15	LED 交通模块	25	配套结构组件包
6	红外接收模块	16	红外避障模块	26	红外遥控器
7	LED 模块	17	寻迹模块	27	电池盒
8	超声波模块	18	光敏电阻模块	28	USB 数据线
9	语音模块	19	电子器件盒		
10	温度传感器模块	20	杜邦连接线		

在图 1-4 所示的器件中,根据用途可以将其分为四大类:Arduino UNO 控制器及扩展板、传感器、执行器、附件。

Arduino UNO 控制器及扩展板 是装置的控制中心,类似人类的大脑,它通过运行上传的控制程序,从传感器接收数据,然后进行分析判断,最后输出信号,控制执行器做出反应。

传感器 是将外部的信号转化为电信号,类似我们的眼睛、耳朵,主要作用是感受外部世界的变化,将采集到的外部世界的数据传送给控制器,传感器是实现自动控制的前提。例如:超声波传感器用来测量距离信息;温度传感器用来感受所处环境的温度;光敏电阻传感器能感受周围环境的光照强度的变化。

执行器 受到电信号的控制,是将电信号转换成其他形式的信号,或将电能转换成其他形式能量的器件,类似我们的四肢。例如:发动机就是将电能转化为机械能,为我们的装置提供动力;蜂鸣器通过振动,把电信号转化为声波,用于与外界进行交互。

附件 是制作各种装置所用的辅助部件。例如:结构件、螺丝、螺母、数据线、杜邦线等。

在实际装置中,Arduino 控制器及扩展板与传感器、执行器之间的信号传递一般通过数据线(例如:杜邦线)进行传递。

1.6.2 使用 Arduino 控制器及其他电子元器件的注意事项

从现在开始,将会接触很多的电子元器件,Arduino UNO 控制器和其他元器件不同于其他 3C 产品,没有外壳保护,元器件的引脚和焊点直接裸露在外。

在拿取 Arduino 控制器及其他电子元器件的时候,请尽量不要触碰到引脚和焊点,尤其在冬季,气候比较干燥,身体上的静电可能会损坏 Arduino 控制器和元器件模块上的集成电路。拿取电子元器件时，一般抓取元器件的非金属部分，如图 1 - 5 所示，或用镊子等工具防止由直接接触引起的静电损坏。

图 1 - 5　电子元器件拿取示意图

此外，在操作电路时，尽量避免在工作区域放置水和饮料，万一打翻或者滴洒在元器件上，可能会造成短路而损坏电路板或造成更大的损失。需保证桌面的整洁，如果桌面为金属材质，可在桌面上铺设橡胶垫、木板、一张纸板或其他绝缘垫层，这样可避免器件的焊点触碰到导电物而造成短路。

1.6.3　Arduino UNO 控制器功能简介

是 Arduino 的品牌商标，它是由数学的无限符号、内含正负符号以及 Arduino 名字组合而成的。

如图 1 - 6 所示为 Arduino UNO 控制器功能示意图。

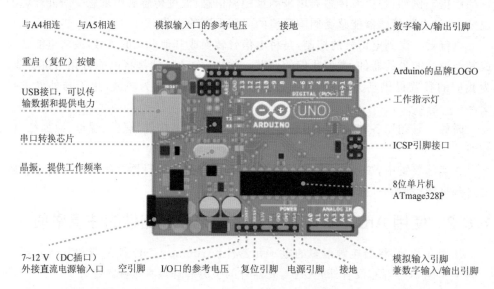

图 1 - 6　Arduino UNO 控制器功能示意图

Arduino UNO 控制器主要包含三大部分:单片机 MCU(即单片微型计算机,又称微控制器)、电源接口和扩展引脚。

单片机 Arduino UNO 控制器采用的是 Atmel 公司生产的 ATmega328P-PU 单片机。单片机芯片内部集成了数量巨大的晶体管,如图 1-7 所示;而 Arduino UNO 采用的单片机为 28 引脚双列直插形式封装,如图 1-8 所示。

图 1-7 单片机内部结构 图 1-8 采用双列直插式封装(DIP)的 ATmega328P-PU 单片机

引脚实现了芯片和外部设备进行数据通信的物理和电气连接。

ATmega328P 的主要技术参数如下。

- 单片机工作主频:16 MHz(5 V);
- 闪存(Flash):32 KB;
- 主存(RAM):2 KB;
- EEPROM:1 KB。

电源接口 电源的供电方式有四种:第一种通过 USB 接口直接供电;第二种通过 5 V 引脚给控制器供电;第三种通过 DC 电源接口进行供电;第四种通过扩展引脚中的 Vin 引脚进行供电。

- USB 接口:通过 USB 数据线,给 UNO 控制器提供 5 V 的工作电压。
- 5 V 引脚:通过 5 V 引脚和 GND 供电,确保提供的电压不大于 5 V。
- DC 电源接口:输入 7~12 V 的电源,DC 电源接口连接到 UNO 控制器上一个 5 V 的稳压电路,给 UNO 控制器提供标准的 5 V 工作电压。
- Vin 引脚:Vin 引脚和 DC 电源接口一样,输入 7~12 V 的电源,经过稳压后,给 UNO 控制器提供标准的 5 V 工作电压。

UNO 控制器有一个很好的设计,允许同时连接多个电源。电源切换电路会选择最高可用电压的电源,然后将其接入稳压器。

扩展引脚 扩展引脚主要分为模拟输入信号引脚、数字信号引脚以及电源引脚。顾名思义,数字信号引脚可直接输入或输出数字信号,模拟输入信号引脚输入的是模拟信号。重启按钮可以对控制器进行重启操作。

UNO 控制器一侧的引脚如图 1 - 9 所示，每个引脚都有数字标识或文字标识，标识说明了引脚的编号或功能，各引脚的功能简述如下：

- 0～13 引脚为数字（Digital）引脚，具有数字信号的输入和输出功能，为了与模拟输入引脚的 A0～A5 区分，在以后的讲述中，在数字引脚前加上 D，写成 D0～D13。关于数字信号，将在后续章节讲解。
- D0 和 D1 引脚上的 RX 和 TX 标识，表示该 D0 和 D1 引脚除了具有数字信号的输入/输出功能外，还具有串口接收（RX）和发送（TX）数据的功能。
- 数字引脚中有 6 个引脚标识有"～"符号，说明这 6 个引脚还兼具 PWM 功能，关于 PWM 功能，将在后续章节讲解。
- GND 表示该引脚为接地引脚。UNO 控制器所有标识为 GND 的引脚都是相互连通的。
- AREF 表示模拟输入参考电压的输入引脚。
- SDA/SCL 是串行通信 TWI（I²C）通信引脚，它分别与模拟引脚的 A4/A5 互相连通。

UNO 控制器另一侧的引脚如图 1 - 10 所示，各引脚的功能简述如下：

- A0～A5 引脚为模拟（Analog）输入引脚，具有模拟信号的输入功能。关于模拟信号，将在后续章节讲解。A0～A5 引脚也可以作为数字引脚使用，具有数字信号的输入和输出功能，引脚号分别对应为 D14～D19。
- Vin 是外部电源输入引脚，输入电压为 7～12 V。
- GND 表示该引脚为电源地引脚。UNO 控制器所有标识为 GND 的引脚都是相互连通的。
- 3.3 V 表示该引脚提供 3.3 V 的电压输出。

图 1 - 9　Arduino UNO 控制器引脚示意图（一）　　图 1 - 10　Arduino UNO 控制器引脚示意图（二）

- RESET 是重启端口。当该引脚连接 GND（输入低电平）时，UNO 控制器重新启动。
- IOREF 是输入/输出端口电压参考引脚，该引脚与 5 V 引脚相互连通。其作用是让插接在 UNO 上的扩展板（Shield）知道 UNO 控制器的运行电压。
- 空接，该引脚为预留，没有任何作用。

1.6.4　Arduino UNO 端口扩展板功能简介

为了使用方便,Arduino 和很多厂家都开发了扩展板(Shield),扩展板可以直接插接在 UNO 控制器上,扩展板具有相应的功能。图 1-11 是 Arduino 开发的 9 轴姿态扩展板。

图 1-11　9 轴姿态扩展板(9 Axes Motion Shield)的正面和背面

i 创学院 Arduino 端口扩展板是为灵活适应 Arduino 教学中各种实验电路而设计的,该扩展板支持 Arduino UNO 以及 Arduino Nano 板的 I/O 扩展,板上提供了多组电源输出,满足电路搭设的各种需求,各种传感器即插即用,简单便捷。i 创学院 Arduino 端口扩展板如图 1-12 所示。

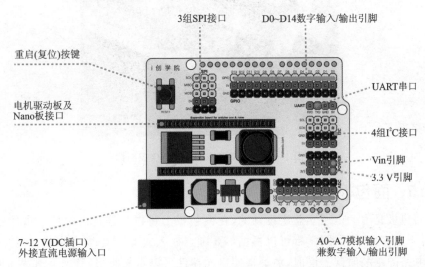

图 1-12　i 创学院 Arduino 端口扩展板功能示意图

通过扩展板转换,各个引脚的连接形式由排座变为更加方便接插的排针。黄色的排针对应 UNO 控制器上的数字引脚和模拟引脚,在黄色排针旁边各增加了红色和黑色共两排排针,分别对应 5 V 和 GND。

在电路搭设过程中,习惯用红色线与电源相连,黑色线与地相连,其他颜色线用作信号线。

扩展板各部分说明如下。

- 外接直流电源输入口：电源输入端 7～12 V，最大提供 5 V、3 A 的输出能力。
- 电机驱动及 Nano 板接口：用于插电机驱动板及 Arduino Nano 板。
- SPI 接口：提供 3 组 SPI 接口，片选 CS 引脚需要用其他数字引脚。
- 数字引脚：D0～D13 共 14 个数字扩展接口，每个接口都带有独立的 5 V 电源和 GND（接地）引脚，以方便使用。
- UART 串口：UART 串口扩展。
- I²C 扩展口：提供 4 组 I²C 接口。
- Power 接口：提供 VIN 输入及 3.3 V 电源输出。
- 模拟输入引脚：A0～A7 共 8 个模拟输入扩展接口，每个接口都带有独立的电源和接地引脚，以方便使用。UNO 控制器的模拟引脚为 A0～A5，Nano 控制器的模拟引脚数量比 UNO 控制器多两个为 A0～A7。

将扩展板插入 UNO 控制器，如图 1-13 所示。

图 1-13　连接扩展板到 UNO 控制器

1.6.5　面包板

面包板是专为电子实验所设计的，在面包板上可以根据自己的想法搭建各种电路，对于众多电子元器件，都可以根据需要随意插入或者拔出，免去了焊接的烦恼，节省了电路的组装时间。同时，免焊接使得元器件可以重复使用，避免了浪费和多次购买元器件。

面包板的孔在内部通过条形的弹性金属簧片连接在一起，类似我们常用的电源接线板。在进行电路实验时，根据电路图，在相应孔内插入电子元器件的引脚或者导线，引脚和孔内的弹性簧片紧密接触，由此连接成所需的实验电路。面包板的示意图如图 1-14 所示。

面包板说明如下：

图 1-14　常用面包板示意图

- 上下两侧标注"＋""－"通常被用作电源和地,通过水平方向的金属簧片分别水平连通。
- 中间区域为原型电路搭建区域,分为上下两部分,通过竖向的金属簧片各列分别连通。

本书套件采用专门设计的 UNO 端口扩展板,图 1-15 所示为套件使用的小型彩色面包板,如图 1-15 所示。

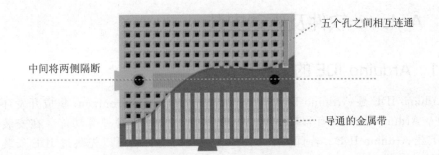

五个孔之间相互连通

中间将两侧隔断

导通的金属带

图 1-15　小型面包板示意图

1.6.6　学习平台结构安装

在正式学习之前,首先搭设硬件电路学习平台,学习过程中的电路搭设都是基于该平台展开的。搭设平台所需部件及搭设好的效果图如图 1-16 和图 1-17 所示。

图 1-16　学习平台所需部件

11

图 1 - 17　学习平台安装

　　详细的搭建步骤可以参见：www. imakeedu. com《Arduino 智能硬件项目实战指南》任务 1。

1.7　Arduino 软件及驱动安装

1.7.1　Arduino IDE 的下载及安装

　　Arduino IDE 是 Arduino Integrated Developement Environment 集成开发环境的简称。Arduino IDE 具有程序编辑、调试、编译、上传、库管理等功能。在安装之前，先下载 Arduino IDE。若直接学习图形化编程的读者则可以先跳过 IDE 安装部分的内容直接进入下一节关于米思奇（Mixly）的学习内容。

　　Arduino IDE 下载网址如下：

- www. arduino. cc/en/Main/Software。

　　Arduino IDE 支持的计算机操作系统如下：

- Windows；
- Mac OS；
- Linux。

　　Arduino IDE 安装软件包有两种打包格式，如下：

- 软件安装包；
- ".ZIP"压缩包。

　　根据不同系统下载相应的软件安装包，建议下载".ZIP"压缩包。将压缩文件解压到计算机的任意位置，然后双击 Arduino. exe 文件，运行 Arduino IDE。

　　Arduino IDE 软件运行窗口如图 1 - 18 所示。

　　在工具栏中，Arduino IDE 提供了常用功能的快捷按钮，如图 1 - 19 所示，其功能描述如表 1 - 2 所列。

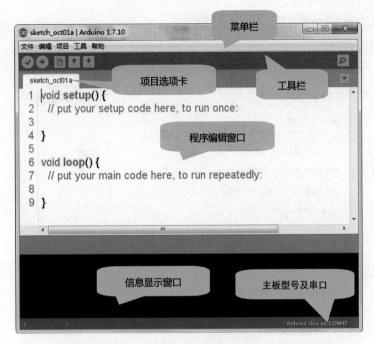

图 1-18　Arduino IDE 软件运行界面(1.7.10 版)

图 1-19　Arduino IDE 菜单条功能示意图

表 1-2　按钮功能说明

按　钮	功能描述
	校验(Verify):检查程序是否有错误,如没有错误就将程序编译成二进制文件
	上传(Upload):编译程序,并将编译后的二进制文件上传到 Arduino 控制器的 MCU 中
	新建(New):新建一个项目
	打开(Open):打开一个已有的项目
	保存(Save):保存当前项目
	串口监视器(Serial Monitor):打开串口监视器窗口,通过串口监视器,可以查看串口接收和发送的数据

13

1.7.2　Arduino IDE 初始设置

选择 Arduino IDE 菜单"文件"→"首选项"，打开参数设置对话框如图 1 - 20 所示。

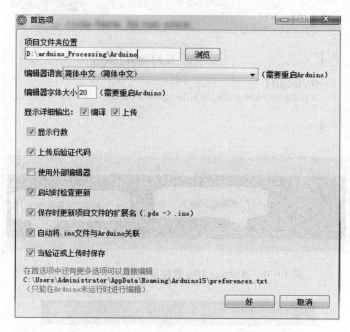

图 1 - 20　Arduino IDE"首选项"设置对话框

常用参数说明如下：
- "编辑器语言"：选择 IDE 所使用的语言，修改后需要重新启动。
- "编辑器字体大小"：修改程序编辑窗口字体的大小。
- "显示行数"：选中后，在程序编辑窗口左侧显示行数。

1.7.3　Arduino UNO 控制器驱动程序安装

本书套件使用的是 Arduino UNO 控制器，如果计算机是 Windows 系统则需要手动安装驱动程序；如果计算机系统为 Mac OS 或者 Linux，将 UNO 控制器通过 USB 线连接到计算机，则系统会自动安装驱动程序，安装完成后即可使用。

Windows 系统下 UNO 控制器的安装步骤如下：

1. 将 UNO 控制器通过 USB 线连接到计算机，屏幕右下角一般会出现提示，如图 1-21 所示。

2. 右击计算机屏幕上的"计算机"图标，单击"属性"，选择"设备管理器"，弹出"设备管理器"窗口，如图 1 - 22 所示。

图 1 - 21　Arduino UNO 控制器驱动安装步骤一

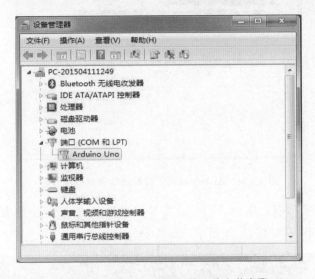

图 1 - 22　Arduino UNO 控制器驱动安装步骤二

3. 在"端口"下的"Arduino Uno"有黄色的感叹号,右击,选择"更新驱动程序软件",如图 1 - 23 所示。如果没有黄色感叹号,在"Arduino Uno"后面的括号中,有端口名称,说明系统已经安装有控制器驱动,可以跳过下面的驱动安装步骤,直接开始使用。

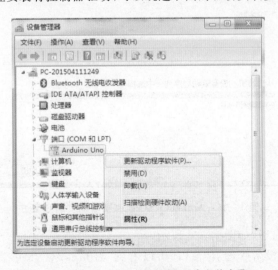

图 1 - 23　Arduino UNO 控制器驱动安装步骤三

15

4．在弹出的窗口中单击"浏览计算机以查找驱动程序软件(R)"，如图 1－24 所示。

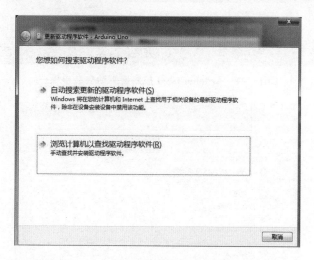

图 1－24　Arduino UNO 控制器驱动安装步骤四

5．单击"浏览"按钮，定位 Arduino 安装目录下的 drivers 文件夹，勾选"包括子文件夹"，单击"下一步"按钮，如图 1－25 所示。

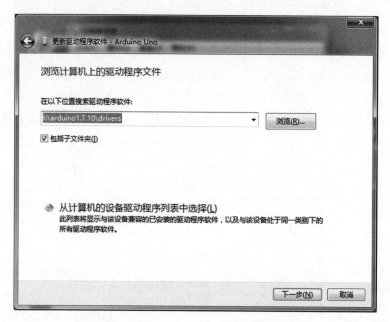

图 1－25　Arduino UNO 控制器驱动安装步骤五

6．驱动安装完毕，如图 1－26 所示。

7．再次打开"设备管理器"窗口，可以看到 Arduino UNO 控制器所对应的串口号。本例所对应的串口号为 COM47，如图 1－27 所示。

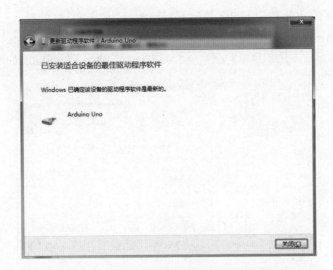

图 1 - 26　Arduino UNO 控制器驱动安装步骤六

图 1 - 27　Arduino UNO 控制器驱动安装步骤七

1.7.4　上传系统例程 Blink.ino 程序到 Arduino UNO 控制器

　　学习 C 语言编程,一般写的第一个程序都是"Hello World!",用于展示一个程序的基本功能。Blink 例程的作用类似于计算机编程中的"Hello World!"。通过 Blink 程序了解如何将程序上传到 UNO 控制器。

Blink 程序的功能是让 UNO 控制器标识为"L"的 LED 灯闪烁。

1. 打开 Arduino IDE。

2. 选择 Arduino IDE 菜单"文件"→"示例"→"01. Basics"→Blink，如图 1 - 28 所示。

图 1 - 28　打开 Blink 程序示意图

3. 通过 USB 数据线将 Arduino UNO 控制器连接到计算机。如果 UNO 控制器是第一次使用，那么控制器标识为"L"的 LED 灯闪烁。稍后，通过 Blink 程序修改 LED 灯的闪烁频率。

4. 选择控制器类型。选择 Arduino IDE 菜单"工具"→"板"→Arduino Uno，如图 1 - 29 所示。

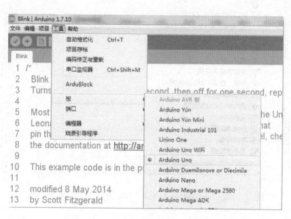

图 1 - 29　控制器选择示意图

5. 选择程序上传的端口号。选择 Arduino IDE 菜单"工具"→"端口"→COM47（Arduino Uno）。在 Windows 系统中，串口名称为 COM 加数字编号，本例中显示为 COM47，如图 1 - 30 所示。选择的串口号和设备管理器中所选的 Arduino 控制器所显示的串口号对应。

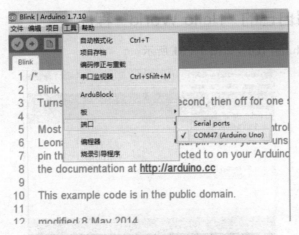

图 1-30　程序上传端口选择示意图

在 Mac OS 或者 Linux 系统中,串口名称一般为/dev/tty. usbmodem＋数字编号或/dev/cu. usbdodem＋数字编号。

关于 Mac OS、Linux 或者 Windows XP 的安装,请登录 i 创学院网站(www. imake-edu. com)《Arduino 智能硬件项目实战指南》任务 2 查看相关内容。

控制器类型和端口设置完毕后,在 Arduino IDE 的右下角可以看到当前设置的 Arduino 控制器类型和对应的端口号。

注意:串口号前出现"√",表示该端口号被选中。

6. 上传程序。直接单击工具栏中的上传快捷按钮。Arduino IDE 先将 Blink 程序编译成二进制代码,然后将编译后的代码上传到 UNO 控制器的单片机中。

在程序上传过程中,UNO 控制器上标识为 TX/RX 的 LED 灯发生闪烁,指示程序正在上传到控制器中。

上传成功,程序会在信息显示窗口上方的信息栏中显示"上传成功"。

因为 Blink 程序控制 LED 灯的显示频率和控制器预设的频率是一致的,所以程序上传后看不出明显的效果变化。

7. 改变 LED 灯的闪烁频率。将程序中灯的亮灭延迟时间由 1 000 ms 修改为 300 ms,或其他不同的数字。修改完毕,再次上传程序,观察控制器 LED 灯的频率会发生相应的变化。延时程序如下:

```
delay(1000);
```

修改为:

```
delay(300);
```

Blink 程序修改并上传成功,表明从程序编写→编译→上传→运行,各个环节顺利执行,这为下一步学习打下了良好的基础。

1.7.5 编写自己的 "Hello World" 程序

1. 打开 Arduino IDE，如图 1 - 31 所示。

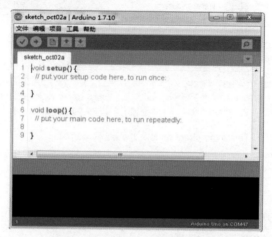

图 1 - 31　Arduino IDE 初始窗口

2. 在 Arduino IDE 程序窗口中的 setup()函数和 loop()函数内，输入相应程序，输入完毕，整个程序如下：

```
void setup() {
  // put your setup code here, to run once：
    Serial.begin(9600);
    Serial.print("Hello World!");
}

void loop() {
  // put your main code here, to run repeatedly：
}
```

3. 上传程序，会提示你是否保存，选择"取消"。程序上传完毕，单击工具栏中的串口监视器快捷按钮，打开串口监视器窗口，如图 1 - 32 所示。

图 1 - 32　Arduino IDE 串口监视器窗口

　　这时在窗口中显示"Hello World!"这是我们编写的第一个程序。在编写程序时,有一定的语法规则,会在后面介绍,如果书写的语法不符合规则,那么在上传程序时会在信息显示窗口中出现错误提示。可以根据提示,更改相应的错误。

　　4. 修改程序,将"Serial. print("Hello World!");"语句移到 loop()函数里。

```
void setup() {
  // put your setup code here, to run once:
    Serial.begin(9600);
}

void loop() {
  // put your main code here, to run repeatedly:
  Serial.print("Hello World!");
}
```

　　5. 再次上传程序,程序上传成功后,打开串口监视器窗口,会发现同样的语句在不同的位置,产生了不同的效果。

　　6. 修改串口监视器右下角"9600 波特"为其他数值,发现窗口显示的数据发生了变化,出现乱码。修改回"9600 波特",则恢复正常。

　　7. 再次修改程序,将 Serial. print 改为 Serial. println 并上传程序,然后观察串口监视器的变化。

```
void setup() {
  // put your setup code here, to run once:
    Serial.begin(9600);
}

void loop() {
  // put your main code here, to run repeatedly:
  Serial.println("Hello World!");
}
```

　　8. 接着再次修改程序,增加延时程序,并上传,然后观察串口监视器的变化。

```
void setup() {
  // put your setup code here, to run once:
    Serial.begin(9600);
}

void loop() {
  // put your main code here, to run repeatedly:
  Serial.println("Hello World!");
  delay(300);    //延迟 300 ms
}
```

21

通过修改和上传程序，了解如下知识点：

● setup()和 loop()函数是程序必备的两个函数，如果这两个函数缺失，那么编译时将提示错误。

● setup()函数里面的代码，在程序运行时，只执行一次，通常放置程序的初始化语句。

● loop()函数里面的代码，在程序运行时，往复执行，通常放置主执行程序。

● 在程序中，Arduino IDE 将常用的功能以内建函数和库的形式提供，直接在程序中调用，极大地提高了程序的编写速度。Serial 就是系统提供的串口操作函数，它以串口函数库的方式提供。delay()函数是系统提供的内建函数。系统提供的库和内建函数在程序中会高亮显示。

● 通过 Serial.print()和 Serial.println()向串口监视器发送信息。在发送时要先在程序中设置控制器和计算机通信时数据传输速度快慢的速率值，一般用波特率来表示。波特率（Baud Rate）的含义是每秒传送多少位（bit per second，简称 bps）。设置的语句为"Serial.begin(波特率值)"，常用的波特率为 9 600，表示 1 秒传送 9 600 位（bit）的信息。1 字节由 8 位（bit）组成，Arduino 默认的传输方式除了数据本身的 8 位以外，加上起始位和停止位，传送 1 字节需要 10 位（bit），代表 1 秒可以传送 960 字节的数据。串口监视器波特率的设置值和程序中的设置值一致，才能正确接收数据。

● BootLoader(引导程序)。为什么单击上传按钮时，Arduino 会将编译好的程序上传到 UNO 控制器呢？这是因为 UNO 控制器在出厂前，已经在控制芯片内写入了自动引导程序（BootLoader）。每当 UNO 控制器启动时，BootLoader 将自动执行上次存储的程序代码，而且随时准备接收 IDE 传来的新的可执行文件。如果误操作删除了 BootLoader，则会导致不能通过上述方法上传程序。一般情况下，自动引导程序是不会被删除的。

1.7.6　Arduino IDE 编程语言参考

Arduino IDE 安装时，内置了详细的编程语言参考。选择 Arduino IDE 菜单"帮助"→"参考"。在编写程序的过程中，如果需要详细了解相关的内容，则可以参考相对应的内容，如图 1-33 所示。

系统提供的语言参考分为三个方面：

● 结构（Structure）；

● 变量（Variables）；

● 函数（Functions）。

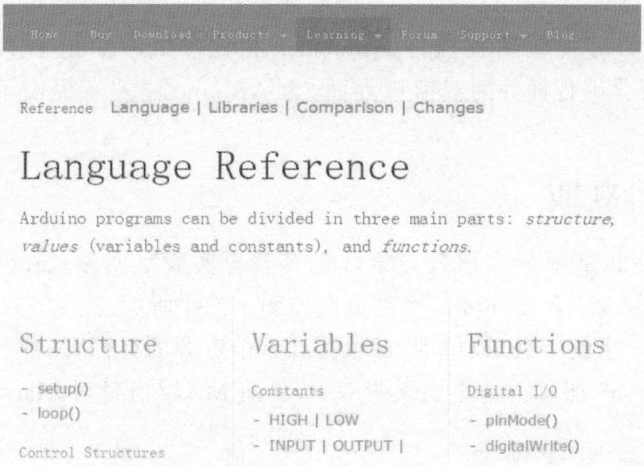

Home   Buy   Download   Products ▾   Learning ▾   Forum   Support ▾   Blog

Reference   Language | Libraries | Comparison | Changes

Language Reference

Arduino programs can be divided in three main parts: *structure*, *values* (variables and constants), and *functions*.

Structure

- setup()
- loop()

Control Structures

Variables

Constants
- HIGH | LOW
- INPUT | OUTPUT |

Functions

Digital I/O
- pinMode()
- digitalWrite()

图 1 - 33   Arduino IDE 帮助文档显示窗口

1.7.7　基本语法规则

至此,我们已经上传了 Blink.ino 程序,并且编写了自己的第一个"Hello World!"程序,后续学习中,编写程序是需要掌握的基本技能之一。编程和写作类似,必须遵循相应的语法规则,这样程序才能被计算机正确理解。程序编写的基本语法规则如下:

1. Arduino 源程序是由两个主函数 setup()、loop()以及若干个其他函数组成的。

2. 程序编写时,可以一句多行;也可以一行多句。每句程序的末尾加分号。

3. 函数名后必须有小括号"()",函数的程序体放在大括号"{}"内。

4. 区分大小写以及全角和半角;函数及变量名以字母或下画线开头。

5. 函数名和变量不能和系统的关键字相同。

6. 可以在程序的任何位置加注释,单行注释符为"//",多行注释符为"/＊ … ＊/"。注释是程序的重要组成部分,也是衡量程序编写质量的参考之一。恰当的注释让程序的可读性大大提高。注释的内容在程序编译时被忽略,不会影响编译后文件的大小。可以通过组合键"Ctrl＋/"在程序行开始增加或取消"//"注释符。

7. 其他规则请参考相关资料。

1.8　米思齐简介

米思齐(Mixly)是一款将图形编程方式和代码编程方式融合在一起的,为硬件编程的软件开发环境,英文名为 Mixly(本书之后的内容均写作 Mixly),是北京师范大学教育学部创客教育实验室团队基于 Blockly 和 Java8 开发完成的。

23

目前,开源硬件 Arduino 中的 AVR 系列单片机的控制器均可通过 Mixly 来开发。与 Arduino 的可视化编程插件 Ardublock 相比,Mixly 简化了 Arduino IDE 和 Ardublock 可视化编程插件的双窗口界面,为 Arduino 学习者提供了一个更友好的编程环境。

1.8.1　软件获取

读者可以在北京师范大学教育学部创客教育实验室网站(mixly.org/explore/software)下载 Mixly 开发环境。网站页面如图 1-34 所示。

选择"Mixly 系统下载"菜单项,即可打开一个资源的界面,选择相应的 Mixly 下载,界面如图 1-35 所示。这里要说明一下,目前 Mixly 有针对 Mac 和 Windows 的

图 1-34　Mixly For Arduino

图 1-35　下载对应版本的 Mixly

两个版本。本书后面的内容均是在 Windows 系统下操作的。

1.8.2 界面介绍

文件下载后是一个压缩包,因为 Mixly 是一个绿色免安装软件,所以在解压之后就可以直接使用了。不过在使用之前需要先确保已安装了 Java 环境。

解压后 Mixly 文件夹中的内容如图 1-36 所示。

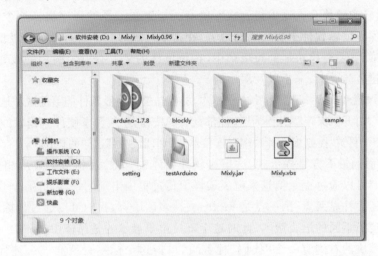

图 1-36 Mixly 文件夹

在 Mixly 文件夹中不是文件夹类型的文件有两个,将文件后缀名显示出来之后能看到其中一个名为 Mixly.jar,另一个名为 Mixly.vbs。这里双击 Mixly.vbs 就能打开 Mixly,软件界面如图 1-37 所示。

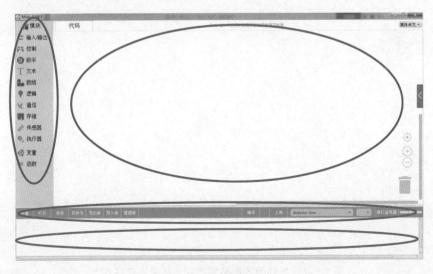

图 1-37 软件界面

总体来说，Mixly 软件界面分为 4 部分。

1. 界面左侧为模块区，这里包含了 Mixly 中所有能用到的程序模块，根据功能的不同，大概分为以下几类："输入/输出""控制""数学""文本""数组""逻辑""通信""存储""传感器""执行器""变量""函数"。每种类型的模块都用不同的颜色块表示，其中每一个分类中的模块会在附录 A 中有专门的介绍。

2. 模块区的右侧是程序构建区，模块区的模块可通过鼠标拖拽放到程序构建区，拖拽过来的模块会在这里组合成一段有一定逻辑关系的程序块。这个区域有点类似代码程序编辑软件中写代码的地方，在这个区域的右下角有一个垃圾桶，当我们删除模块时，就要将模块拖到垃圾桶中，在垃圾桶的上方有三个圆形的按钮，能够实现程序构建区的放大、缩小以及居中。

3. 模块区和程序构建区的下方是基本功能区，类似一般软件的菜单区。这里不仅包含了"新建""打开""保存""另存为"软件都具有的按钮，还包含了硬件编程软件中需要用到的"编译""上传""控制板选择""端口连接器""串口监视器"这样的按钮。

4. 界面的最下方是提示区，这里在软件编译、上传的过程中会显示相应的提示信息。我们可以通过提示信息来解决编译上传过程中出现的一些问题。

最后还要补充两点：第一点是 Mixly 支持多国语言，我们可以通过界面右上角的下拉菜单选择不同的语言版本，此时这个下拉菜单显示的是简体中文；第二点是在界面左上角模块的右侧有一个"代码"标签页，单击这个标签页就能进入纯代码形式。Mixly 作为一款将图形编程方式和代码编程方式融合在一起的开发环境，如果只能单独地显示代码或显示图形程序块，那么肯定是不够好的。在 Mixly 中是能够将代码和图形程序块一起呈现在屏幕上的，这个功能可以通过程序构建区最右侧的一个向左的按钮实现，单击这个按钮之后如图 1-38 所示。

图 1-38　将代码和图形程序块一起呈现在屏幕上

这时,在程序构建区的右侧会显示出对应的代码,这段代码是与程序构建区中的模块所组成的程序块对应的,会随着模块的变化而变化,不过区域中的代码是不可编辑的。同时,界面最右侧那个向左的箭头按钮变成了向右的箭头。

Mixly 软件模块区中各模块的功能详见附录 A。

1.9　本章思考题

1. Arduino 起源于哪里?

2. Arduino UNO 控制器采用的单片机型号是什么?UNO 控制器包含哪几大部分?UNO 控制器一共有多少个数字引脚?多少个模拟输入引脚?UNO 控制器的工作电压是多少?

3. 拿取电子元器件的注意事项有哪些?

4. 传感器和执行器的区别是什么?各有什么功能?

5. 在搭设电路过程中,红色导线和黑色导线分别代表什么?

6. 面包板的结构和作用是什么?

7. Arduino IDE 的作用有哪些?

8. 程序上传时除了需要选择控制器类型外,还需要选择什么?

9. setup( )函数和 loop( )函数的作用是什么?在程序中可以去除这两个程序吗?

10. 波特率的含义是什么?如何在程序中设置串口的波特率?

11. 自动引导程序 BootLoader 的作用是什么?

12. 程序编写过程中有哪些基本的语法规则?

13. Mixly 软件界面分为哪四个部分?

第 2 章 炫彩流水灯

你留意过晚上，写字楼、大商场和各种餐厅上面挂的广告牌吗？各种动画和文字交相辉映，一串串灯如行云流水般闪烁，你知道原理吗？这一章将教你做一个最简单的流水灯，我们一起来学习吧！

在制作炫彩流水灯之前，要先了解电流、电压、电阻等一些电路的基本概念。本章由基本概念、器件介绍，以及相互关联的四个项目组成，其中前三个项目为项目四进行铺垫。首先，通过搭设基本的电路，进一步加深对并联电路、串联电路以及一些元器件的一些认识；然后，循序渐进，学习搭设第一个程序控制电路——闪烁的 LED 灯；在理解闪烁的 LED 灯的软件和硬件知识的基础上，完成本章的主题炫彩流水灯的项目。

切记，完成项目不是最终目的，重要的是了解各项目对应的软件、硬件知识。

2.1 基本概念

2.1.1 电压、电流、接地

手机、笔记本电脑等电子产品丰富了我们的生活，当电子产品工作时，需要通过电池或者电源适配器供电，如图 2-1 所示为某品牌手机电源适配器，观察图中的标签，关于输入和输出部分的含义如下：

"输入：100-240 V～50/60 Hz，0.5 A"中"100-240 V～50/60 Hz"表示输入为交流（AC）电，电压范围是 100～240 V，频率为 50～60 Hz；"0.5 A"表示输入的电流值为 0.5 A。

"输出：5V⎓2A"的含义是电源适配器的输出为直流（DC）电，电压值为 5 V，电流值为 2 A。直流电路中电流的方向是固定不变的。交流电路中电流的方向和电压的极性会发生周期性的变化，日常照明及家用电器使用的均为交流电。手机充电宝、干电池等电源输出的是直流电，手机充电时，通过电源适配器将交流电转换为相对应的直流电。一般 Arduino 控制器中的电源均为直流电源。

下面分别讲述电压、电流的概念。为了方便理解，采用水来类比。

通俗地讲，电流是由导体中的自由电荷在电场力的作用下做有规则运动形成的。

图 2 - 1　某品牌手机电源适配器

与电流类似,水的流动称为水流。在没有外力作用下,水流的方向总是向低处流动,这是因为有水位差的存在,如图 2 - 2 所示。同样,与水流类似,电荷的流动也是因为有电位差的存在,电位差通常称为电压。

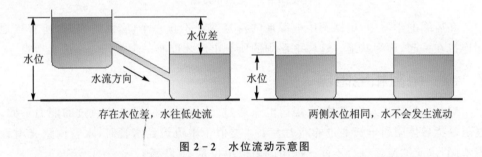

图 2 - 2　水位流动示意图

　　电流　表示电荷流动的强度大小,电流的单位是 A(Ampere,安培)。电流单位 A(安培)是比较大的单位,像智能手机耗电量较低,其电流通常采用毫安(mA)来表示,智能手机的工作额定电流大概为 200 mA。

$$1 \text{ A} = 1\ 000 \text{ mA}$$

　　Arduino UNO 每个 I/O 口(输入/输出)引脚最大可以输出 40 mA 的电流。UNO 控制器总的最大输出电流为 200 mA。

　　电压　两点间的电位差又称为电势差,简称电压。电压的单位是 V(Volt,伏特)。相同电路条件下,电压越高,推动电荷运动的能力越大,电路中的电流也越大;反之,电压越低,推动电荷运动的能力越弱,电路中的电流就越小。

　　Arduino UNO 控制器的工作电压是 5 V,此外主板还提供 5 V 及 3.3 V 的电压输出。

　　接地端　接地端(Ground,简称 GND)代表地线或者零线。这个地并不是真正意义上的地,而是一个假设的地。一般情况,接地端位于电池低电位端或为负极。通常把高电位称为正极,接地端一般位于低电位称为负极或接地。电路图中,电源的接地通常用符号 ⏚ 表示。

　　当接地端(参考点)不是电路中的最低电位时,会出现负电压。下面以普通的干电池来说明电压和地的关系。普通干电池的电压是 1.5 V,采用 2 节干电池串联在一起,各点的电压如图 2-3 所示。

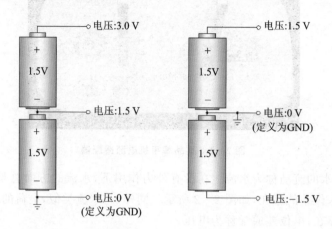

图 2-3　电压示意图

在后续的学习中,电路图中电源地的符号往往不止一个,实际组装时,所有接地端连接在一起,称为共地。这样电路中的所有电压才能有一个相同的基准参考点。

2.1.2　电阻和电阻器

电阻　导体通过电流时,会阻碍电流通过,不同导体阻碍电流通过的能力不同,电阻是指导体阻碍电流通过的能力大小。类似于水流流经水管时,水管内壁光滑程度不同,水流的流量也会不同。电阻的阻值单位是 Ω(欧姆)。

电阻器　具有不同电阻值的元器件。在电路中,电阻器可以降低和分散电子元器件所承受的电压,避免元器件损坏。电阻器通常简称为电阻。电阻没有极性,在电路图中,电阻的符号为:—▭—。

电阻有很多不同的材质和外形,本书采用的电阻器是普通的轴心引线金属膜电阻,如图 2-4 所示。

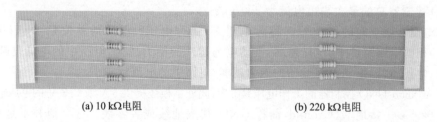

(a) 10 kΩ电阻　　　　　　　　　　　　(b) 220 kΩ电阻

图 2-4　电阻示意图

由于金属膜电阻器体积都很小,为了清晰标注电阻的阻值,一般通过色环来表示,每一种颜色对应一个数字。电阻有四条色环和五条色环两种表示方法。

常用的四条色环标记:第一条和第二条为阻值的有效数字,第三条代表乘数因子(10

的指数),第四条表示公差,颜色为金色或银色(如果无第四条色环,公差就是 20%)。

五条色环常用于精密电阻,前三条色环表示有效数字,第四条色环是乘数因子,而第五条和第四条色环之间的间隙比其他间隙宽,用以指示第五条色环是公差色环。

详细的四条色环和五条色环对应数值如图 2-5 所示。

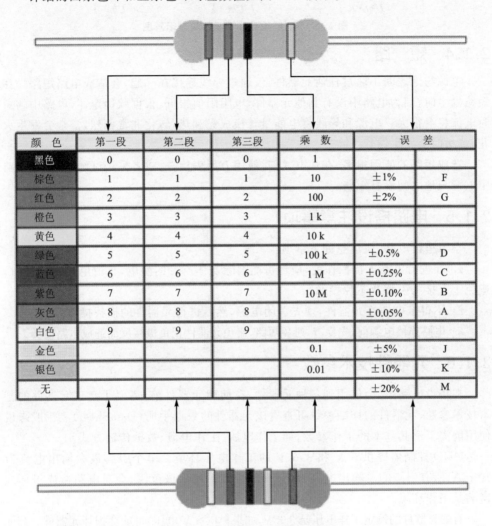

颜　色	第一段	第二段	第三段	乘　数	误　差	
黑色	0	0	0	1		
棕色	1	1	1	10	±1%	F
红色	2	2	2	100	±2%	G
橙色	3	3	3	1 k		
黄色	4	4	4	10 k		
绿色	5	5	5	100 k	±0.5%	D
蓝色	6	6	6	1 M	±0.25%	C
紫色	7	7	7	10 M	±0.10%	B
灰色	8	8	8		±0.05%	A
白色	9	9	9			
金色				0.1	±5%	J
银色				0.01	±10%	K
无					±20%	M

图 2-5　电阻色环及阻值对照示意图

许多网页和手机的 App 都提供了电阻的查询和相应的计算功能,读者也可通过这些方法进行计算。

2.1.3　欧姆定律

在纯电阻电路中,电压(U)、电流(I)和电阻(R)的关系,可以用欧姆定律来表示:电流与电压成正比,与电阻成反比,如图 2-6 所示。

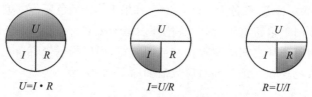

图 2-6　电压、电流和电阻的关系示意图

2.1.4　短　路

电源与地之间不通过任何元器件,仅通过导线连接在一起,会造成电路短路。在短路发生时,因为电路中没有其他元器件,电阻阻值很低,根据欧姆定律,电路中的短时电流将会很大。电源和导线将电能量转换成光和热,转化非常剧烈,常常会发生火花,严重时会发生爆炸。

造成短路的原因很多,在加电之前,使用万用表检查,或者采用试触法,确保电路中电源与地之间没有短路。

2.1.5　电路搭设注意事项

学习搭设电路,应注意如下事项:

1. 在进行电路连接操作前,应尽可能消除身体所带的静电,拿取电子元器件时,避免手直接和引脚及芯片接触。

2. 不得带电插拔元器件,须先关闭电源,然后进行元器件的插拔操作。

3. 电路连接电源前,先检查,避免短路,避免元器件正负极接反而造成电路损坏。

2.1.6　元器件技术参数

在搭设电路中,会使用到各种元器件,在使用元器件前,需要了解该元器件的基本技术参数,元器件的详细参数可查看该元器件的数据手册（DataSheet）。一般来说使用前需了解其基本的工作参数,如工作电压、工作电流、数据传输方式。

UNO 控制器提供 5 V 和 3.3 V 的工作电压环境。单个引脚最大输出电流为 40 mA,所有引脚的总输出电流为 200 mA。如果超出该范围,会对电路造成损坏或影响其工作环境。

有的元器件的额定工作电压是 3.3 V,如果提供 5 V 电压,可能会损坏元器件。当元器件需要 5 V 和 3.3 V 以外的工作电压时,可通过电压转换电路来提供合适的工作电压。

2.1.7　元器件及电源引脚标识

在搭设电路的过程中,确保元器件的电源接线正确非常重要,如果接反,那么轻则烧毁元器件,重则导致短路,引发危险。

元器件常见的电源和地的标识符如下。

电源: ＋、V、5V、VCC、VDD、VIN 等。

地：－、G、GND、VEE、VSS 等。

2.1.8　信号、模拟信号、数字信号

信号(Single)　信号是反映信息的物理量,信号的表现形式有很多,人在交流过程中的表情、手势、眼神、声音、语调等都是信号的某种表达方式,传递出相应的信息。此外常见的温度、压力、流量等也是反映信息的物理量。

在电子电路系统中,可以通过传感器将各种非电的物理量转换成电信号,电信号很容易传送、控制和存储,所以电信号是目前应用最为广泛的信号之一。

电子控制系统的主要作用是通过传感器接收外界信息,发送给 UNO 控制器,控制器根据程序进行分析判断后,将命令输出给执行器执行。在这个过程中,信息和命令都是以电信号的形式传输和保存的。电信号形式多种多样,可以从不同角度进行分类。在电子电路中,一般将信号分为模拟信号和数字信号。

模拟(Analog)信号　在时间和数值上均具有连续性的信号。大多数的外界信号均为模拟信号,例如:气温、水龙头的流量、光的亮度等。

数字(Digital)信号　在时间和数值上均具有离散性的信号。数字信号一般通过模拟信号转换而来。

本章和第 3 章主要讲述数字信号的读取和写入。

关于数字信号和模拟信号的形象比喻说明如图 2-7 所示。

经过基础知识的学习,下面开始学习电路搭设。

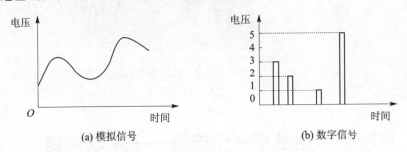

(a) 模拟信号　　　　　　　　(b) 数字信号

图 2-7　模拟信号、数字信号示意图

2.2　器件介绍

图 2-8　按键开关

按键开关　如图 2-8 所示。按键开关背面有 4 个引脚。当开关断开时,仅同侧的两个引脚导通。当开关闭合时,4 个引脚全部导通。默认开关处于断开状态,按键按下时,开关处于闭合状态。

在电路图中,按键的符号为:───○＿○───。

图 2-9　发光二极管

发光二极管(Light Emitting Diode,简称 LED) 如图 2-9 所示,LED 是一种将电能转化成光能的元件。LED 是极性元件,在引出的两根引脚中,较长的引脚是阳极,较短的引脚为阴极,如图 2-10 所示。LED 帽底部有一个切口,该切口侧也代表 LED 的阴极。不同颜色的 LED 有不同的工作参数,一般直径为 5 mm 的 LED 的额定工作电压在 1.7～2.2 V 之间。

在电路图中,LED 的符号为:

图 2-10　引脚示意图

图 2-11　杜邦线

杜邦线　如图 2-11 所示。杜邦线是导线的一种。杜邦线端部有两种接头形式:一种称为公头,端部有导线伸出;另一种称为母头,主要用于与主板的引脚相连接,如图 2-12 所示。使用中,与电源相连的一般采用红色杜邦线,与地相连的一般采用黑色杜邦线。

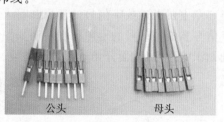

公头　　　　母头

图 2-12　杜邦线公头、母头示意图

2.3　项目一：搭建第一个电路——串联电路

所需器件		
■ 按键开关	2 个	
■ LED 灯	1 个	
■ 220 Ω 电阻	1 个	
■ 杜邦线	若干	

电路搭设　　　　首先将端口扩展板插接到 UNO 主板上。串联电路面包板视图如图 2-13 所示,串联电路的电路原理图如图 2-14 所示。

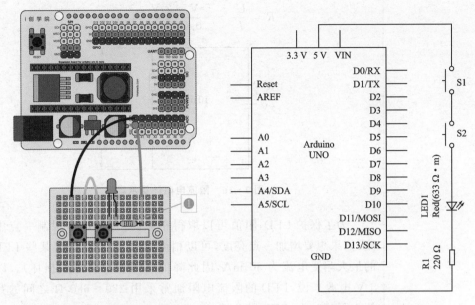

图 2 - 13　串联电路面包板视图　　　图 2 - 14　串联电路的电路原理图

面包板视图:表示了电路中元器件的实际电路连接。

电路原理图:表示了电路中元器件的联系,说明元器件如何被连接,但不表示元器件的相对位置。

在电路原理图中,经常会出现线条交错的情况。可以参考图 2 - 15 来判断交错的线条是否相连。

线路相连　　　　　　线路不相连

图 2 - 15　线路连接示意图

搭设说明

❶

　　本电路中电阻称为限流电阻,阻值是 220 Ω,与 LED 串联在一起,这样电阻会承担一部分电压,使得通过 LED 的电流不会过大。如果没有电阻,LED 会比正常工作时更亮,但是只会持续很短的时间便会烧毁或造成其寿命降低。

　　限流电阻的阻值可通过欧姆定律计算得到,如图 2 - 16 所示。为了计算方便,LED 的工作电压为 2 V,电流取 10 mA。限流电阻计算如下:

$$R = \frac{U}{I} = \frac{5\ \text{V} - 2\ \text{V}}{0.01\ \text{A}} = 300\ \Omega$$

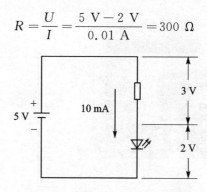

图 2-16　限流电阻计算示意图

为了保护 LED，阻值可以取得稍微高一点，以多限制一点电流；如果想要增加一点亮度，可以稍微降低一点电阻值（某些 LED 的最大耐受电流为 30 mA，因此降低电阻值不会造成损坏）。以 5 V 电源来说，LED 的限流电阻通常采用 220～680 Ω 之间的数值。阻值越大，LED 越暗淡。

电路运行

- 电路检查无误，将 Arduino UNO 控制器通过 USB 线与计算机相连。
- 只有当两个按键同时按下时，LED 才点亮。
- 在电路中，两个按键开关先后串联连接在电路中。在串联电路中，当其中一个元器件处于断开状态时，整个电路处于断开状态。
- 串联电路中，流经每个元器件的电流大小是相同的。

2.4　项目二：搭建第二个电路——并联电路

所需器件

- 按键开关　　　2 个
- LED 灯　　　　1 个
- 220 Ω 电阻　　1 个
- 杜邦线　　　　若干

电路搭设

并联电路面包板视图如图 2-17 所示，并联电路的电路原理图如图 2-18 所示。

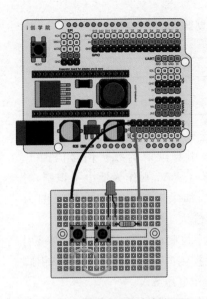

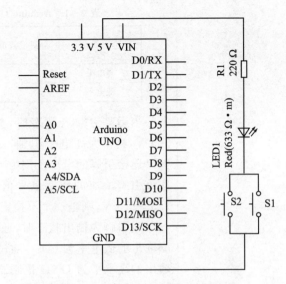

图 2-17　并联电路面包板视图　　　　图 2-18　并联电路的电路的原理图

电路运行

● 将 Arduino UNO 控制器通过 USB 线与计算机相连。

● 在两个按键开关中,当按下其中一个时,LED 点亮。

● 在电路中,两个按键并联连接在电路中。在并联电路中,当并联的元器件有一个处于闭合状态时,整个电路处于闭合状态。

● 并联电路中,电路两端的电压是相同的。

　　刚才搭建的串联电路和并联电路,使用了按键开关、LED 和电阻,Arduino UNO 控制器在整个电路中仅作为电源使用。有了搭建上面两个电路的基础,下面开始搭建第一个通过给 Arduino UNO 编程来控制的数字电路,通过程序控制 LED 灯的闪烁。

2.5　项目三：搭建第一个程序控制电路——闪烁 LED 灯

知识准备

　　Arduino UNO 控制器按照预先写入的程序进行工作,写入的程序最终被翻译成 Arduino UNO 控制器能够执行的二进制代码,然后上传到 Arduino UNO 中。

　　Arduino UNO 控制器的 D0～D13 和 A0～A5 共 20 个引脚都可以作为处理数字信号引脚来使用,这些引脚具备两种功能状态：输入(读取数字信号)和输出(输出数字信号)。

　　一般情况下 Arduino UNO 控制器的内部工作电压为 5 V,其高低电平对应的电压范围如表 2-1 所列。

表 2-1　Arduino UNO 控制器高低电平电压范围

电平状态	对应数值	引脚电压范围	
		输入状态	输出状态
高电平	1	3.5～5.5 V	5 V
低电平	0	−0.5～1.5 V	0 V

当引脚为输入状态时，如果连接引脚的电压范围为 3.5～5.5 V，则作为高电平识别，对应该引脚读取的数字信号值为 1。如果连接引脚的电压范围为 −0.5～1.5 V，则作为低电平识别，对应该引脚读取的数字信号值为 0。如果连接引脚的电压范围为 1.5～3.5 V，则是一个不稳定的状态。

当引脚为输出状态时，通过程序控制向引脚写数字 0，则该引脚输出的低电平为 0 V。通过程序控制向引脚写数字 1，则该引脚输出的高电平为 UNO 控制器的工作电压 5 V。

如果通过程序来控制与 LED 相连引脚的输出电压在 5 V 和 0 V 之间有规律地切换，那么将实现 LED 灯闪烁的效果。

所需器件

■ LED 灯　　　　1 个

■ 220 Ω 电阻　　1 个

■ 杜邦线　　　　若干

电路搭设

闪烁 LED 灯面包板视图如图 2-19 所示，闪烁 LED 灯电路原理图如图 2-20 所示。

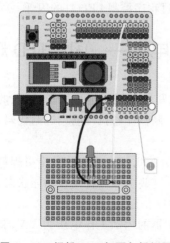

图 2-19　闪烁 LED 灯面包板视图

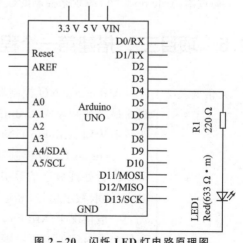

图 2-20　闪烁 LED 灯电路原理图

搭设说明

❶　　　　LED 的阳极通过杜邦线与扩展板黄色数字引脚 4 相连。

程序流程　　　　整个程序的流程图如图 2-21 所示。

　　　　流程图是使用图形来表述程序思路的一种方法,直观形象,易于理解。常用的流程图符号,如图 2-22 所示。

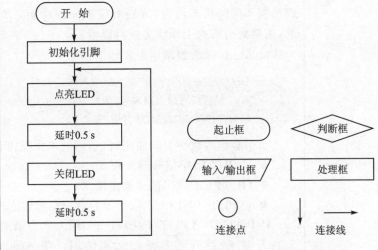

图 2-21　闪烁 LED 程序流程图　　　图 2-22　常用流程图符号

　　　　在后续的项目中,希望各位读者可以在编写程序之前绘制流程图。通过绘制流程图,可以帮助我们更好地厘清思路,从而顺利地编写出相应的程序。

Mixly 程序

程序编写

```
void setup() {
    pinMode(4, OUTPUT);  // ❶
}
```

```
void loop()  {
    digitalWrite(4, HIGH);   // ❷
    delay(500);   // ❸
    digitalWrite(4, LOW);   // ❹
    delay(500);
}
```

程序说明

❶ 　　pinMode 函数是系统自带的函数，功能是设置数字引脚的工作模式。UNO 控制器的功能比较强大，但引脚数量有限，同一引脚根据不同的状态设置，分别对应不同的功能。所以在使用引脚前，需要对引脚的工作状态进行设置。

pinMode 函数的调用形式如下：

```
pinMode(pin , mode);
    //pin: 设置状态的引脚编号,编号为 0～13,A0～A5
    //mode:INPUT/OUTPUT/INPUT_PULLUP
```

当引脚作为数字引脚使用时，引脚的工作模式有以下三种：
- INPUT 数字信号输入模式；
- OUTPUT 数字信号输出模式；
- INPUT_PULLUP 内部上拉数字信号输入模式。

INPUT/OUTPUT/INPUT_PULLUP 为 Arduino 核心库定义的关键字，目的是方便记忆和使用。在 Arduino 核心库中，INPUT 被定义为 0，OUPUT 被定义为 1，INPUT_PULLUP 被定义为 2。在程序编译时，INPUT/OUTPUT/INPUT_PULLUP 会分别替换为 0/1/2。在程序编写时，也可以直接写入对应的数值。

本语句的含义是设置数字 4 引脚为输出模式。数字引脚使用时，必须要进行工作模式设置。由于引脚的工作状态，在程序运行过程中，不会发生变化，所以，一般将 pinMode 语句放在 setup() 函数里。在程序一开始时只执行一次。

UNO 控制器默认的引脚工作模式为输入模式。

❷ 　　digitalWrite 函数是系统自带的函数，功能是通过向一个数字引脚写入 HIGH 或者 LOW，控制该引脚的输出为相应的高电平或低电平，HIGH 为高电平 5 V，LOW 为低电平 0 V。

digitalWrite 函数的调用形式如下：

```
digitalWrite(pin , value);
    //pin: 写入引脚编号,编号为 0～13,A0～A5
    //value:HIGH/LOW
```

HIGH 和 LOW 是 Arduino 核心库定义的关键字,分别代表 1 和 0,目的是方便阅读、记忆及提高编程效率。在程序编译时,HIGH 和 LOW 会分别替换为 1 和 0。

本段代码的含义是向引脚 4 写入 HIGH(1),程序运行时,该引脚输出的高电平为 5 V。

❸　本语句的含义是程序暂停 500 ms,即 0.5 s。

delay 延时函数是系统的内建函数,功能是程序暂停运行设定的时间,单位是 ms(1 s＝1 000 ms)。delay 函数运行时,整个系统处于暂停状态,系统不再响应外部的输入。

delay 函数的调用形式如下:

```
delay(value);
  //value:暂停的时间,单位为 ms
```

❹　向引脚 4 写入 LOW,当程序运行时,该引脚输出的低电平为 0 V。

项目运行　本程序在 setup()函数里设置引脚 4 为输出模式。

loop()函数内的语句周而复始地循环执行,本程序中 digitalWrite(4,HIGH),设置引脚 4 的电压为 5 V,点亮 LED;接着 delay(500),延迟 500 ms,让 LED 点亮 0.5 s;digitalWrite(4,LOW),设置引脚 4 的电压为 0 V,LED 熄灭,时长 0.5 s;因为 loop()函数是一个循环函数,所以这个过程一直不断地循环。

loop()函数内 4 条语句按先后顺序执行,这种程序组织结构称为顺序结构。顺序结构是三种基本结构之一,也是最基本、最简单的程序组织结构。在顺序结构中,程序按语句的先后顺序依次执行,如图 2-23 所示。

单击工具栏中的上传按钮,将程序上传到 UNO 板,观察到 LED 灯以 0.5 s 的时间间隔不停地闪烁,其 4 号引脚的电压状态如图 2-24 所示。

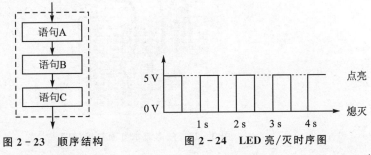

图 2-23　顺序结构　　　　图 2-24　LED 亮/灭时序图

41

项目进阶　　将延迟时间分别改为 50 ms 和 10 ms，发现 LED 灯的闪烁有什么变化？

尝试把程序语句中的"；"或者"（）"删除，再上传程序看有什么出错信息。

2.6　项目四：炫彩流水灯

知识准备　　项目三的小实验，通过程序控制 1 个 LED 灯的闪烁，常见的流水灯是指有多个 LED 灯依次亮灭，远看给人灯在流动的视觉感受。

本实验采用红、绿、黄 3 个 LED 灯，制作炫彩流水灯。

所需器件
- LED 灯（红、绿、黄）　　　3 个
- 220 Ω 电阻　　　　　　　　3 个
- 杜邦线　　　　　　　　　　若干

电路搭设　　炫彩流水灯面包板视图如图 2-25 所示，炫彩流水灯电路原理图如图 2-26 所示。

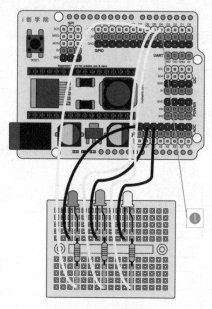

图 2-25　炫彩流水灯面包板视图

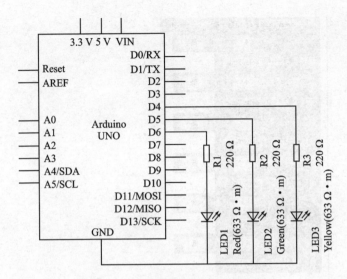

图 2 – 26　炫彩流水灯电路原理图

搭设说明

❶

　　红、绿、黄 3 个 LED 灯的阳极（＋）通过杜邦线分别与 UNO 主板的数字引脚 6、5、4 相连。

程序流程

　　炫彩流水灯程序流程图如图 2 – 27 所示。

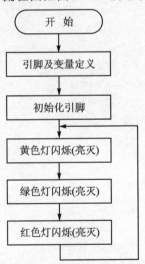

图 2 – 27　炫彩流水灯程序流程图

Mixly 程序

程序编写

```
const int yellowLedPin = 4;   //❶定义常量,对应黄色 LED 引脚
const int greenLedPin = 5;    //定义常量,对应绿色 LED 引脚
const int redLedPin = 6;      //定义常量,对应红色 LED 引脚

int delayTime = 500;   //❶定义变量,确定闪烁时间

void setup() {
   //分别设置引脚 4、5、6 为输出模式
   pinMode(yellowLedPin, OUTPUT);
   pinMode(greenLedPin, OUTPUT);
   pinMode(redLedPin, OUTPUT);
}
void loop() {

   //黄色灯闪烁
   digitalWrite(yellowLedPin, HIGH);
   delay(delayTime);
   digitalWrite(yellowLedPin, LOW);
   delay(delayTime);

   //绿色灯闪烁
   digitalWrite(greenLedPin, HIGH);
   delay(delayTime);
```

```
digitalWrite(greenLedPin, LOW);
delay(delayTime);

//红色灯闪烁
digitalWrite(redLedPin, HIGH);
delay(delayTime);
digitalWrite(redLedPin, LOW);
delay(delayTime);
}
```

程序说明
❶

　　常量、变量、函数是学习编程的过程当中必须要理解的基础概念。函数有助于程序的结构化,使得程序的可读性和可维护性大大提高。有关函数的详细内容将会在后续章节中讲述。
　　常量和变量的使用,使程序的灵活性大大提高。

```
const int yellowLedPin = 4;  //设置常量
int delayTime = 500;  //设置变量
```

　　上面这两条语句定义了一个常量 yellowLedPin 和一个变量 delayTime。为什么要定义常量和变量呢? 与上一个项目相比,本项目的代码长度增加了,在程序中多次引用到引脚编号和延迟时间。如果不使用变量和常量,那么当修改程序时,如果需要修改这些值,就必须在程序中一处一处修改,非常麻烦,如改错或者漏改,程序将无法按预期运行。而使用变量和常量,则只需一次性地修改常量及变量的数值,不用重复修改。
　　这两条语句的区别是,第一条语句多了一个系统的常量修饰符 const。该语句的含义是定义一个整数类型的常量,名称为 yellowLedPin,值为 4。第二条语句的含义是定义一个整数类型的变量,名称为 delayTime,并赋初值为 500。
　　const　const 是系统的关键字,用于对常量进行修饰,const 是单词 constant 的缩写,表示不变的意思。const 关键字修饰的常量,如果在程序的其他部位对它修改,那么编译系统会报错。
　　在 Arduino C 语言中,"="是赋值的含义,即把等号右边的表达式的值赋予左边的常量或变量。
　　程序运行时的数据保存在内存中,那如何从茫茫内存中找到相应的数据呢? 内存类似宾馆的房间,每个内存空间以字节(Byte)为单位,都有一个唯一的编号,术语叫做"地址"。变量名在程序运行时,对应于存储数据的首地址。类似根据房间号,能找到对应房间一样,根据变量名,可以定位到数据存储所占用内存空间的对应地址。

定义的数据类型不同的空间所能存储的数据的范围也不同。所以在定义变量时，一般会根据使用的要求，定义不同的数据类型。例如，程序"int delayTime;"代表定义的变量 delayTime 是一个整型数。

数据类型　Arduino C 语言常用的数据类型和所占用内存的字节数以及所能表达的数值范围如表 2－2 所列。

表 2－2　Arduino C 语言数据类型表

类　型	描述符	字节数	范　围
布尔型	boolean	1	1 或 0(true 或 false)
字符型	char	1	−128～127
字节型	byte	1	0～255
整型	int	2	−32 768～32 767
长整型	long	4	−2 147 483 648～ 2 147 483 647
单精度浮点数型	float	4	3.402 823 5E+38～ −3.402 823 5E+38
无符号数	unsigned		

无符号数"unsigned"代表变量仅保存大于或等于 0 的数，如此能扩大正数保存的数值范围。常用无符号数的数值范围如表 2－3 所列。

表 2－3　无符号 char、int 及 long 类型数值范围表

类　型	数值范围
unsigned char	0～255
unsigned int	0～65 535
unsigned long	0～4 294 967 295

定义变量时，const 和 int 的前后位置可以改变。

变量名命名规则　定义变量时，变量名的命名规则如下：
- 变量名称只能包含英文字母、数字和下画线"_"。
- 变量名的第一个字不能是数字。

此外，变量命名还应注意如下事项：
- 变量名不能和系统的关键字重名。

- 变量名区分大小写,例如 pin 和 Pin 代表两个不同的变量名。
- 变量名应该尽可能使用有含义的名字,例如 Led、Pin。
- 当使用两个或者两个以上的单词作为变量名时,一般采用"驼峰式"命名法,即第一个单词首字母小写从第二个单词开始,首字母大写,例如本例程中的变量名"yellowLedPin"。

程序运行　　单击 Arduino IDE 工具栏中的上传按钮,将程序上传到 UNO 板,观察到黄、绿、红 3 个 LED 灯以 0.5 s 的时间间隔不停地闪烁。

　　程序运行时,可以观察到 loop 函数里的程序是一条一条依次顺序执行的,没有发生跳转,这种程序结构一般称之为顺序结构。此外还有选择结构和循环结构,将在后续章节中讲述。

程序进阶　　如果 3 个 LED 灯的点亮时间和熄灭时间不同,那么如何修改程序呢?

　　修改程序,让你的炫彩流水灯呈现不同的流动效果,甚至加上装饰,把作品上传到 i 创学院网站,分享给大家。

　　如果有 20 个 LED 灯依次闪烁,应该如何编写程序呢?

　　参考本程序,对照第 1 章讲述的基本语法规则,加深对语法规则的理解。

2.7　本章思考题

1. 简述电压、电流的含义及单位。
2. 简述接地的含义。
3. 常用的电阻有几种色环表示方法?
4. 欧姆定律中电流、电阻、电压之间的关系是什么?
5. 为什么短路危害巨大? 如何避免短路?
6. 电路搭设时,有哪些注意事项?
7. 常用元器件的电源和地都由哪些符号来表示?
8. 为什么用电信号来存储和表达信息? 数字信号和模拟信号的区别是什么?
9. 如何区分 LED 的阴极和阳极? 一般 LED 的工作电压是多少?
10. 串联电路和并联电路的特点是什么?

11. 如何计算 LED 的限流电阻？

12. 简述高低电平的含义，Arduino UNO 高低电平对应的电压范围是多少？

13. pinMode()函数的作用和参数是什么？

14. 数字引脚有几种工作模式？如何设置？

15. digitalWrite()函数的作用和参数是什么？

16. delay()函数的作用和参数是什么？

17. 如何在程序中定义变量和常量？变量名的命名规则和注意事项有哪些？

18. 变量有哪些数据类型？程序运行时不同类型的变量在内存中占用几字节？

第 3 章   智能红绿灯

当你步行穿过马路时，是否留意过有的红绿灯灯杆上有个醒目的牌子，上面写着"行人过街请按钮"。当行人按下过街按钮后，需要耐心等待一小会儿，人行道方向的绿灯才会亮。这样既可以确保行人安全，也可以给机动车一个反应时间，下面我们来制作这个系统。

制作之前，我们需要先分析一下智能红绿灯的工作流程，如下：

1. 当行人没有按下按钮时，主路显示为绿灯，人行道显示为红灯。

2. 当按钮被按下后，主路的绿灯延时一段时间后由绿灯经黄灯转换为红灯。

3. 当主路为红灯时，人行道的绿灯点亮。当人行道的绿灯还剩余很短的时间时，蜂鸣器应该急促提醒，同时绿灯闪烁，以预防行人正在过马路时，红绿灯发生变化而发生危险。

本章的学习是在了解按键开关、蜂鸣器模块性能的基础上，"通过按键开关点亮LED""蜂鸣器响起来"两个项目分别帮助大家学习相关的软件和硬件知识。在这两个项目的基础上，完成智能红绿灯项目。

3.1 基本概念

从本章开始，编写的程序将越来越复杂，如何尽快掌握编程的能力呢？对初学者而言，可以从语法和算法两个方面着手。

语法 语法包含最基本的程序书写规则，变量的定义，函数的定义和调用，三种逻辑结构(顺序结构、选择结构、循环结构)的熟练掌握和运用。编写程序类似写作文，只有熟练掌握语法，才能将程序清晰、正确地写出来。

算法 算法是指控制系统解决问题的思想和步骤。编写的程序则是算法的具体表达。程序流程图是帮助我们厘清思路的极佳工具，所以要养成编程前绘制程序流程图的习惯。在编写程序流程时基本按照：初始化、感知输入、分析判断、动作输出、结束处理五个方面来考虑，如图 3-1 所示。

- 初始化：是对所用控制传感器和执行器的引脚及状态进行设置，对 UNO 的初始状态进行设置等。初始化的程序一般放置在系统函数 setup()内。
- 感知输入：是指通过传感器采集到的外部信号，并转化为控制器可处理的数据。

49

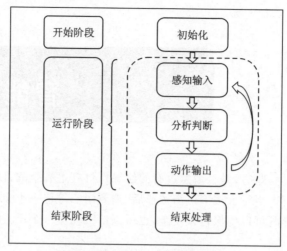

图 3-1 程序编写步骤的流程

● 分析判断：指 UNO 控制器对传感器的数据，根据设定的程序流程进行处理、分析判断。

● 动作输出：指将 UNO 控制器分析的结果，发送给执行器执行。

● 结束处理：程序结束运行时，需要对一些运行信息保存处理，以便下次启动时接力运行。如果不需要保存，则该部分可以忽略。

由于 Arduion UNO 的主程序是循环结构，在一次初始化后会不断重复进行图中"运行阶段"的三个步骤，直至跳出主循环。

3.2 器件介绍

图 3-2 蜂鸣器模块

蜂鸣器模块 如图 3-2 所示，蜂鸣器模块是由蜂鸣器和外围电路组成。蜂鸣器按照其驱动方式不同，分为有源蜂鸣器和无源蜂鸣器。

有源蜂鸣器是有极性的，蜂鸣器的正面标注有正极，引脚有长短之分，长引脚是正极，短引脚是负极；无源蜂鸣器则不用区分正负极。

这里的"源"不是指电源，而是指振荡源。也就是说，有源蜂鸣器内部带振荡源，所以只要一通电就会发声，而无源蜂鸣器内部不带振荡源，用直流信号无法令其发声，必须用 200～5 000 Hz 频率的矩形波去驱动它。

蜂鸣器模块有三个引脚：GND、VCC、DI（DI 是数字输入 Digital Input 的简称）。使用时，GND、VCC 引脚分别连接 UNO 控制器的 GND 和 VCC，DI 引脚连接 UNO 控制器的数字信号输出引脚，使 UNO 来控制其发声。

图 3 - 3　红绿灯模块

红绿灯模块　如图 3 - 3 所示,红绿灯模块是仿制马路上的红绿灯而设计的,由红、黄、绿三个 LED 灯组成。为了使用方便,模块电路已经集成了电阻。使用时,将控制红、黄、绿 LED 灯的数字输出引脚直接和模块的 R（Red）、Y（Yellow）、G（Green）引脚相连,用对应的引脚来控制对应的颜色,模块的 GND 和 UNO 主板的 GND 相连接。

图 3 - 4　按键模块

按键模块　如图 3 - 4 所示,按键模块由按键和相应的上拉电阻电路组成,避免了使用时烦琐的电路搭设。

按键模块共有三个引脚:GND、VCC、DO（DO 是数字输出 Digital Output 的简称）。使用时,GND、VCC 引脚分别连接 UNO 主板的 GND 和 VCC,DO 引脚连接 UNO 主板的数字信号输入引脚。

3.3　项目一：通过按键开关点亮 LED 灯

知识准备

实现通过按键开关点亮 LED 灯工作。该项目与 2.5 节项目三的区别是通过按键实现了交互。按照前面所讲的初始化、感知输入、分析判断、动作输出、结束处理的步骤,绘制本项目的流程图,如图 3 - 5 所示。

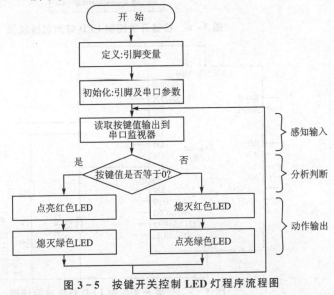

图 3 - 5　按键开关控制 LED 灯程序流程图

51

所需器件	■ LED 灯	2 个
	■ 220 Ω 电阻	2 个
	■ 10 kΩ 电阻	1 个
	■ 按键开关	1 个
	■ 杜邦线	若干

电路搭设	按键开关控制 LED 灯面包板视图如图 3-6 所示，按键开关控制 LED 灯电路原理图如图 3-7 所示。

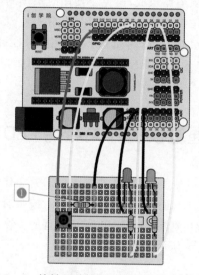

图 3-6　按键开关控制 LED 灯面包板视图

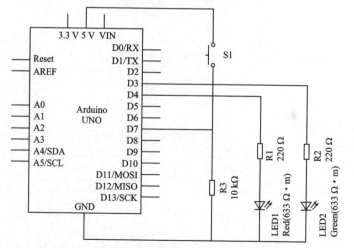

图 3-7　按键开关控制 LED 灯电路原理图

搭设说明

❶

与按键相连的电阻阻值为 10 kΩ,该电阻的作用为下拉电阻。

在电路中,通过按键开关来切换高、低电平,一般通过串联一个 10 kΩ 的电阻来实现。该电阻将数字引脚的电压上拉"Pull - up"到 5 V 或者下拉"Pull - down"到地端,该电阻称为"上拉电阻"和"下拉电阻"。

关于上拉电阻和下拉电阻的说明详见本项目中的程序说明部分。

Mixly 程序

程序编写

```
const int greenLedPin = 3;  // 绿色 LED 连接引脚 3
const int redLedPin = 4;  // 红色 LED 连接引脚 4
const int switchPin = 7;  // 按键开关连接引脚 7

void setup() {
  pinMode(greenLedPin, OUTPUT);  // 设置引脚 3 为输出模式
  pinMode(redLedPin, OUTPUT);  // 设置引脚 4 为输出模式
  pinMode(switchPin, INPUT);  // ❶设置引脚 7 为输入模式
  Serial.begin(9600);  // 设置串口波特率为 9 600
}
void loop() {
  int switchValue = 0;  // 定义变量并赋初值为 0
  switchValue = digitalRead(switchPin);  // ❷读取引脚 7 的值
  Serial.print(" Value of switch = ");  // 输出到串口监视器
  Serial.println(switchValue);  // 将读取的按键值输出到串口监视器
```

```
if (switchValue = = 0){  // ❸、❹判断键值等于 0,执行下面的程序
    digitalWrite(redLedPin, HIGH);  //点亮红色 LED
    digitalWrite(greenLedPin, LOW);  //熄灭绿色 LED
}
else {  //判断键值不为 0,将执行下面的语句
    digitalWrite(redLedPin, LOW);  //熄灭红色 LED
    digitalWrite(greenLedPin, HIGH);//点亮绿色 LED
}
}
```

程序说明

❶
　　程序从与按键开关相连的数字引脚 7 读取按键值,对数字引脚读/写前必须先设置引脚的工作模式。

　　数字引脚的工作模式有三种：INPUT、OUTPUT、INPUT_PULLUP。

　　本语句的含义是设置数字引脚 7 为输入模式(INPUT)。

❷
　　digitalRead 函数是系统的内建函数。功能是获取引脚的电平状况。当为高电平(5 V)时,返回值 1(HIGH);当为低电平(0 V)时,返回值 0(LOW)。

　　digitalRead 函数的调用形式如下：

```
digitalRead(pin);
    //pin：读取引脚的编号,编号为 0~13,A0~A5
    //返回值：返回值为 HIGH/LOW
```

　　本语句的含义是读取数字引脚 7 的电平状况。

　　通过按键来切换高、低电平,常见电路有三种,分别为：

- 上拉电阻电路；
- 下拉电阻电路；
- 内部上拉电路。

　　下面详细讲述这三种电路。

　　上拉电阻电路　　上拉电阻电路如图 3-8 所示。

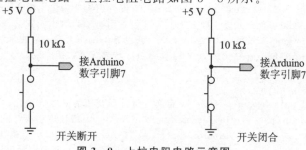

图 3-8　上拉电阻电路示意图

当按键开关断开时,数字引脚 7 通过电阻和 5 V 电源相连接,产生高电平,digitalRead(7)函数的返回值为 1。当按键开关闭合时,数字引脚 7 的电压和地相连接,产生低电平,digitalRead(7)函数的返回值为 0。电路中 10 kΩ 电阻称为上拉电阻。

下拉电阻电路　下拉电阻电路如图 3 - 9 所示。

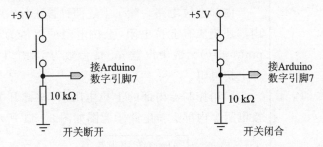

图 3 - 9　下拉电阻电路示意图

当按键开关断开时,数字引脚 7 通过电阻和地相连接,产生低电平,digitalRead(7)函数的返回值为 0。当按键开关闭合时,数字引脚 7 的电压和 5 V 电源相连接,产生高电平,digitalRead(7)函数的返回值为 1。电路中 10 kΩ 电阻称为下拉电阻。

当数字输入引脚的工作模式设置为 INPUT 时,如图 3 - 10 所示的两种接法都是错误的。

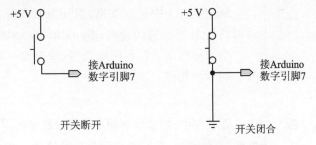

图 3 - 10　数字输入引脚错误的电路示意图

当按键开关断开时,图 3 - 10 左图中数字引脚 7 既没有接高电平,也没有接地,这种情形称为悬空。此时 digitalRead()函数的返回值是不确定的,可能是 HIGH,也可能是 LOW,所以这种接法返回的数据是不可以使用的。

当按键开关闭合时,图 3 - 10 右侧电路图中,电源直接与地相连,此时会造成短路。

所以当数字输入引脚的工作模式设置为 INPUT 时，读取按键值，一定要在电路中设置一个上拉电阻或者下拉电阻，电阻的阻值一般为 10 kΩ。采用上拉电阻时，当按键断开时 digitalRead() 函数的返回值为 1。采用下拉电阻时，当按键断开时 digitalRead() 函数的返回值为 0。

内部上拉电路　除了上述两种接法外，在 ATmega328 控制器内部还集成有上拉电阻，上拉电阻的阻值为 20 kΩ。可以通过在 pinMode() 函数中设置 mode 参数为 INPUT_PULLUP 来启用内部上拉电阻。

启用控制器内部的上拉电阻后，按键开关电路就可以省略外接电阻。内部上拉电路示意图如图 3-11 所示。

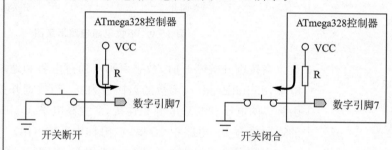

图 3-11　内部上拉电路示意图

从图 3-11 中可以看出，当开关断开时，digitalRead() 函数的返回值为 1；当开关闭合时，digitalRead() 函数的返回值为 0。

当采用内部上拉电阻电路时，按键的一端和数字引脚相连，另外一端和地相连。

❸　　在程序中，经常需要根据当前的数据做出判断，以决定下一步的操作，这种情形，在编程中称为选择结构。当判断条件成立时，执行命令 A；当判断条件不成立时，执行命令 B，如图 3-12 所示。

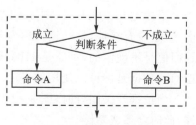

图 3-12　选择结构示意图

表达选择结构的选择语句有两种形式：

- if 语句；
- switch…case 语句。

if 语句又有三种结构形式,分别为简单分支结构、双分支机构和多分支结构。

简单分支结构的表达方式如下：

```
if(表达式){
    语句1;
}
```

双分支结构的表达方式如下：

```
if(表达式){
    语句1;
}
else{
    语句2;
}
```

多分支结构的表达方式如下：

```
if(表达式1){
    语句1;
}
else if(表达式2){
    语句2;
}
else if(表达式3){
    语句3;
}
......
```

本程序中 if 语句的含义是判断按键开关引脚的返回值是否等于 0,如果是则执行 if 后面的语句,红灯亮,绿灯灭。按键按下后,按键开关引脚的返回值是 1,不等于 0,程序则跳转执行 else 后面的语句。

switch…case 语句将会在后续章节中讲述。

❹　表达式(switchValue == 0)用于判断读取的按键值是否等于 0。"=="是比较运算符,含义是比较"=="两侧的数值是否相等。

注意：在 C 语言里，"＝"是赋值的意思，不表示"等于"；"等于"是用"＝＝"来表示的。

常见的比较运算符如表 3－1 所列。

表 3－1　比较运算符表

比较运算符	说　明
＝＝	等于
！＝	不等于
＜	小于
＞	大于
＜＝	小于或等于
＞＝	大于或等于

当 if 语句中的条件判断由两个以上的条件组成时，需要使用逻辑运算符。例如，判断变量 value 的值在 2 和 3 之间的逻辑表达式为："(value＞＝2)＆＆(value＜＝3)"。

逻辑运算符有三个：＆＆(与)、||(或)、!(非)。

常见的逻辑运算符如表 3－2 所列。

表 3－2　逻辑运算符表

运算符	名　称	说　明
＆＆	与(AND)	A＆＆B，只有当 A 和 B 两个条件都成立时，整个条件才成立
||	或(OR)	A||B，A 和 B 两个条件中有一个成立时，整个条件就成立
!	非(NOT)	!A，当条件 A 不成立时，整个条件成立

程序运行

上传程序后，红色 LED 灯点亮，当按键开关按下后，红色 LED 灯熄灭，绿色 LED 灯点亮。单击 Arduino IDE 工具栏的串口监视器按钮，打开串口监视器窗口，可以观察到按键值在 0 和 1 之间变换。

项目进阶

当按键开关按下时，尝试修改程序，使绿色 LED 灯闪烁。将按键电路中的电源极性互换，即与按键相连的 5 V 改为连接 GND，与 10 kΩ 电阻相连的 GND 改为连接 5 V。重新上电后，观察串口监视器数据的变化。

3.4　项目二：蜂鸣器响起来

在前面的项目中,学习了如何点亮 LED,如何获取按键开关的值。在点亮 LED 的过程中,需要串联一个 220 Ω 的限流电阻。获取按键开关的值,电路中需要添加上拉电阻或者下拉电阻。套件中,将分立的 LED 和限流电阻制作成 LED 模块。将分立的按键和上拉电阻制作成按键模块。在后续的学习中,将直接采用模块,使搭设电路方便快捷。

采用模块搭设电路时,套件中提供了专用的防反插数据线,方便连接到扩展板上的一组相邻引脚,数据线一端为白色防反插端口,另一端为黑色杜邦母口。其中 3 根线的称为 3P 数据线;4 根线的称为 4P 数据线,根据黑色母口的情况,分为"2+1+1"和"3+1"两种模式;5 根线的称为 5P 数据线,如图 3-13 所示。

图 3-13　一端为防反插插座、一端为母口的专用数据线

- 蜂鸣器模块　　1 个
- 3P 数据线　　　1 根

蜂鸣器响起来电路连接图如图 3-14 所示,蜂鸣器响起来电路原理图如图 3-15 所示。

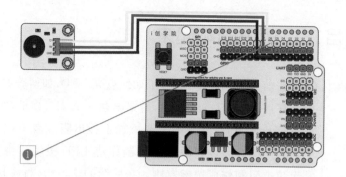

图 3 - 14　蜂鸣器响起来电路连接图

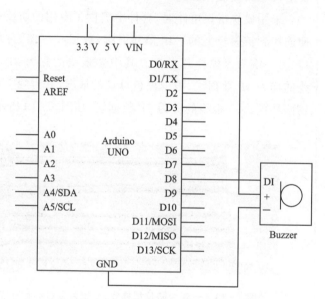

图 3 - 15　蜂鸣器响起来电路原理图

搭设说明	
❶	蜂鸣器模块的三个引脚分别连接 5 V、GND 和数字引脚 8。

Mixly 程序

声明 buzzerPin 为 整数 并赋值 8

数字输出 管脚# buzzerPin 设为 高

延时 毫秒 1

数字输出 管脚# buzzerPin 设为 低

延时 毫秒 1

程序编写

```
const int buzzerPin = 8;  //定义蜂鸣器引脚为数字引脚 8

void setup() {
    pinMode(buzzerPin, OUTPUT);  //设置该引脚为输出模式
}
void loop() {
    digitalWrite(buzzerPin, HIGH);  // ❶ 设置该引脚为高电平
    delay(1);  //❶
    digitalWrite(buzzerPin, LOW);  //❶设置该引脚为低电平
delay(1);  //❶

//    digitalWrite(buzzerPin, HIGH);
//    delay(2);
//    digitalWrite(buzzerPin, LOW);
//    delay(2);
}
```

程序说明

❶

　　无源蜂鸣器,内部不带振荡源,用直流信号无法令其鸣叫,必须用 200～5 000 Hz 的方波信号去驱动它。

　　loop()函数的 4 行程序的执行结果,就是产生一个方波信号。如图 3-16 所示,无源蜂鸣器接收到信号后,根据方波信号的频率不同发出不同频率的声音信号。

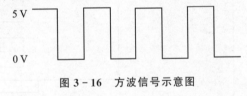

图 3-16　方波信号示意图

程序运行

　　将程序上传到 UNO 主板,会听到蜂鸣器发出声音。将 loop()函数中注释的 4 行程序去除注释符,重新上传程序,蜂鸣器发出类似救护车的警笛声。想想这是为什么?

　　通过本程序,知道了如何利用 digitalWrite()函数产生一个方波信号,这种产生方波的形式以后会经常用到。

项目进阶

　　如果将程序中两行 delay 语句中的参数改为不同的值,那么声音会发生什么变化。

　　通过本程序,知道如何产生方波使无源蜂鸣器发声。Arduino还提供了其他函数产生方波信号来控制蜂鸣器发出声音,例如:tone()、analogWrite(),将在以后讲述。

3.5 项目三： 智能红绿灯

　　在前面两个项目的基础上，根据智能红绿灯的功能分析，绘制流程图，如图 3 - 17 所示。

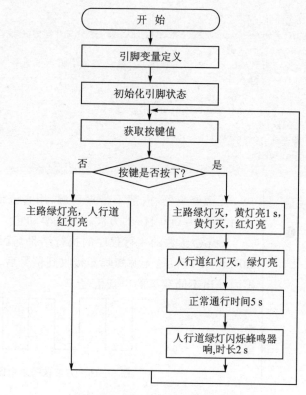

图 3 - 17　智能红绿灯程序流程图

- 交通灯模块　　　　2 个
- 按键模块　　　　　1 个
- 蜂鸣器模块　　　　1 个
- 3P 数据线　　　　　2 根
- 4P 数据线（3+1）　2 根

　　智能红绿灯电路连接图如图 3 - 18 所示，智能红绿灯电路原理图如图 3 - 19 所示。

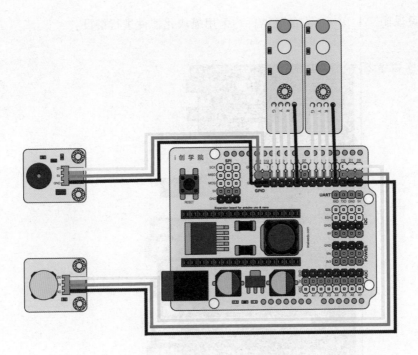

图 3-18 智能红绿灯电路连接图

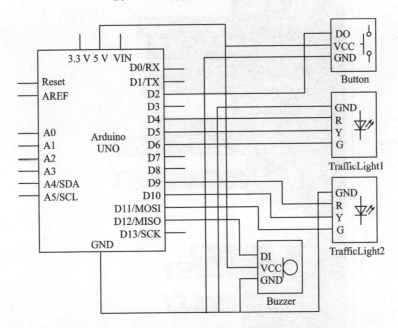

图 3-19 智能红绿灯电路原理图

| 搭设说明 | 所有的元器件均采用模块化器件进行搭设。 |

Mixly 程序

声明 greenLedPin1 为 整数▾ 并赋值 6
声明 yellowLedPin1 为 整数▾ 并赋值 5
声明 redLedPin1 为 整数▾ 并赋值 4
声明 greenLedPin2 为 整数▾ 并赋值 11
声明 redLedPin2 为 整数▾ 并赋值 9
声明 switchPin 为 整数▾ 并赋值 2
声明 buzzerPin 为 整数▾ 并赋值 12
声明 swithValue 为 整数▾ 并赋值 0
swithValue 赋值为 数字输入 管脚# switchPin

如果 swithValue =▾ 1
执行
　数字输出 管脚# greenLedPin1 设为 高▾
　数字输出 管脚# yellowLedPin1 设为 低▾
　数字输出 管脚# redLedPin1 设为 低▾
　数字输出 管脚# greenLedPin2 设为 低▾
　数字输出 管脚# redLedPin2 设为 高▾
否则
　数字输出 管脚# greenLedPin1 设为 低▾
　数字输出 管脚# yellowLedPin1 设为 高▾
　延时 毫秒▾ 1000
　数字输出 管脚# yellowLedPin1 设为 低▾
　数字输出 管脚# redLedPin1 设为 高▾
　数字输出 管脚# redLedPin2 设为 低▾
　数字输出 管脚# greenLedPin2 设为 高▾
　延时 毫秒▾ 5000
　使用 i 从 1 到 10 步长为 1
　执行
　　数字输出 管脚# greenLedPin2 设为 高▾
　　执行 alarm
　　数字输出 管脚# greenLedPin2 设为 低▾
　　执行 alarm

alarm
执行 使用 i 从 1 到 50 步长为 1
　执行 数字输出 管脚# buzzerPin 设为 高▾
　　延时 毫秒▾ 1
　　数字输出 管脚# buzzerPin 设为 低▾
　　延时 毫秒▾ 1

程序编写

```
const int greenLedPin1 = 6;   //主路绿色 LED 灯连接引脚 6
const int yellowLedPin1 = 5;  //主路黄色 LED 灯连接引脚 5
const int redLedPin1 = 4;   //主路红色 LED 灯连接引脚 4
const int greenLedPin2 =11;  //人行道绿色 LED 灯连接引脚 11
const int redLedPin2 = 9;   //人行道红色 LED 灯连接引脚 9
const int switchPin = 2;  //按键开关连接引脚 2
const int buzzerPin = 12;   //蜂鸣器连接引脚 12

void setup() {
  pinMode(greenLedPin1, OUTPUT);  //设置引脚 6 为输出模式
  pinMode(yellowLedPin1, OUTPUT);  //设置引脚 5 为输出模式
  pinMode(redLedPin1, OUTPUT);  //设置引脚 4 为输出模式
  pinMode(greenLedPin2, OUTPUT);  //设置引脚 11 为输出模式
  pinMode(redLedPin2, OUTPUT);  //设置引脚 9 为输出模式
  pinMode(buzzerPin, OUTPUT);  //设置引脚 12 为输出模式
  pinMode(switchPin, INPUT);  //设置引脚 2 为输入模式
}

void loop() {
  int switchValue = 0;  //定义变量并赋初值为 0
  switchValue = digitalRead(switchPin);  //读取按键引脚 2 的值
  if (switchValue == 1) {  //判断键值等于 0,执行下面的程序
    digitalWrite(greenLedPin1, HIGH);  //主路绿色 LED 亮
    digitalWrite(yellowLedPin1, LOW);  //主路黄色 LED 灭
    digitalWrite(redLedPin1, LOW);  //主路红色 LED 灭
    digitalWrite(greenLedPin2, LOW);  //人行道绿色 LED 灭
    digitalWrite(redLedPin2, HIGH);  //人行道红色 LED 亮
  }
  else {  //判断键值不为 0,将执行下面的语句
    digitalWrite(greenLedPin1, LOW);  //主路绿色 LED 灭
    digitalWrite(yellowLedPin1, HIGH);  //主路黄色 LED 亮
    delay(1000);  //等候 1 s
    digitalWrite(yellowLedPin1, LOW);  //主路黄色 LED 灭
  digitalWrite(redLedPin1, HIGH);  //主路红色 LED 亮
  digitalWrite(redLedPin2, LOW);  //人行道红色 LED 灭
    digitalWrite(greenLedPin2, HIGH);  //人行道绿色 LED 亮
  delay(5000);  //等候 5 s
  //人行道的绿色 LED 闪烁,同时蜂鸣器响,时长 2 s
    for (int i = 1; i <= 10; i++) {  //❶
```

```
      digitalWrite(greenLedPin2, HIGH);   //人行道绿色 LED 亮
      alarm();   //❷调用蜂鸣器发声函数 alarm,同时延时 100 ms
      digitalWrite(greenLedPin2, LOW);   //人行道绿色 LED 灭
      alarm();   //调用蜂鸣器发声函数 alarm,同时延时 100 ms
    }
  }
}
// ===================
// 通过周期为 2 ms 的方波,使蜂鸣器发出声音,整个函数运行延时 100 ms
// ===================
void alarm() {   //❸
  for ( int i = 1; i <= 50; i++ ) {   //❶
    digitalWrite(buzzerPin, HIGH);
    delay(1);
    digitalWrite(buzzerPin, LOW);
    delay(1);
  }
}
```

程序说明	本语句为 for 循环语句。
❶	在程序中,经常需要反复执行某一部分的操作。此时不用重复书写程序,采用循环语句即可,在编程中称为循环结构。

表达循环结构的循环语句有三种形式,常用语句如下:

● while 循环语句;

● do…while 循环语句;

● for 循环语句;

● 循环控制语句有 break 语句和 continue 语句。

while 循环语句　常用的表达方式如下:

```
while(表达式){
    语句;
}
```

while 循环是一种"当"型循环。当 while(表达式)中的表达式条件成立时,才会执行循环体中的语句。while(1)为死循环。

do…while 循环语句　常用的表达方式如下:

```
do{
    语句;
}while(表达式);
```

do…while 循环与 while 循环不同,是一种"直到"型循环。它会

执行循环体,直到给定的条件不成立时为止。do…while 循环会先执行一次 do 语句后的循环体,再判断是否进行下一次循环。而 while 循环是先判断,后执行。

for 循环语句　常用的表达方式如下:

```
for(表达式 1;表达式 2;表达式 3){
    语句;
}
```

for 循环结构示意图如图 3 - 20 所示。

表达式 1:为 for 循环的初始化语句,一般用于给循环计数器赋初值。进入 for 循环后首先执行该语句,但该语句仅执行一次。

表达式 2:判断语句。如果表达式 2 条件不满足,则终止循环;若满足条件,则执行 for 循环中的循环体语句。内嵌语句执行完毕,执行表达式 3,然后继续执行表达式 2。

表达式 3:增量语句。

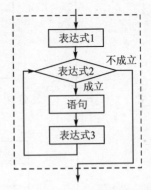

图 3 - 20　for 循环结构示意图

如果 for 循环中 3 个表达式都省略,for 循环变成 for(;;),则 for 循环变成死循环。

本程序中 i++是 i=i+1 的含义。程序执行时,将变量 i 的值加 1 后得到的新数值再赋值给变量 i。执行该语句后,i 自加 1。

程序执行时,i++比 i=i+1 运算速度更快,效率更高。

break 语句　当 break 语句用于 for、while、do…while 循环体语句中时,将终止当前循环而执行循环后续的语句。break 语句一般会搭配 if 语句使用。其一般形式如下:

```
if(表达式){
    break;
}
```

continue 语句　continue 语句仅用于 for、while、do…while 循环体语句中,将跳过循环体中剩余语句,执行下一次循环。同样,continue 语句一般搭配 if 语句使用。其一般形式如下:

```
if(表达式){
    continue;
}
```

本程序中,在两处使用了 for 循环,loop()函数里的 for 循环,代表人行道的绿灯闪烁了 10 次;alarm()函数里面的 for 循环,代表周期 2 ms 的方波循环 50 次作用于蜂鸣器。

本章项目一中讲了比较运算符和逻辑运算符。C 语言还有两类常用的运算符:算术运算符和复合运算符。

算术运算符如表 3-3 所列。

表 3-3　算术运算符表

算术运算符	说　明	算术运算符	说　明
＋	加	/	除
－	减	％	取模
*	乘		

复合运算符如表 3-4 所列。

表 3-4　复合运算符表

复合运算符	说　明	复合运算符	说　明
++	递增	+=	复合加
－－	递减	－=	复合减

例如,程序语句 a＝a＋b,使用复合运算符表达为 a＋＝b;同样,语句 a＝a−b,使用复合运算符表达为 a−＝b。

❷　　alarm()是自定义函数,在程序编写时,经常将执行某一功能的语句打包成一个模块,称为函数,需要时,直接调用该函数即可,而不需要重新编写相应的语句。

函数的使用使程序的结构化程度大大提高,在简化程序的同时,提高了程序的可维护性和可读性。

❸　　void 代表 alarm()函数没有返回值。

程序运行　　上传程序后,主路的绿色 LED 灯和人行道的红色 LED 灯亮,当按键按下后,主路绿灯灭,黄灯亮,延时一段时间后,主路红灯亮,人行道红灯灭,绿灯亮,再延时一段时间,人行道绿灯闪烁,蜂鸣器发声,然后恢复到主路通行状态绿灯亮。实物示意图如图 3-21 所示。

图 3 - 21　智能红绿灯实物示意图

项目进阶　　　　本节所实现的智能红绿灯仅仅实现了最基本的通行功能,你还有哪些好的想法让它使用更加便利,智能化程度更高呢?把它实现出来,上传到 i 创学院网站,分享给大家吧!

3.6　本章思考题

1. digitalRead()函数的作用和参数是什么?函数的返回值是什么?

2. 上拉电阻和下拉电阻的作用是什么?上拉电阻或下拉电阻的取值一般为多大?

3. 如何启动内部上拉电阻?

4. 当引脚为数字输入时,如何避免引脚处于悬空状态?

5. 编写程序时,选择结构语句有几种表示形式?

6. 了解逻辑运算符的含义。

7. 循环结构有几种表示形式?

8. 利用 for 循环,生成一个九九乘法表。

9. while 循环和 do…while 循环语句的区别是什么?

10. 用流程图来分别表示 while 循环和 do…while 循环的程序结构。

11. break 语句和 continue 语句的区别是什么?

12. 程序编写时,使用函数有什么作用?

第4章 呼吸灯

你有没有留意过,当手机里有未处理的通知时,比如未接来电、未查收的短信等,手机上有个提示灯就会由暗到亮地变化,像呼吸那样有节奏,起到一个提醒的作用。下面我们就来一起制作呼吸灯吧!

本章学习是在了解电位器模块、光敏电阻等的基础上,通过四个小项目作为铺垫,了解模拟信号的输入、输出函数等知识,最后完成呼吸灯综合项目。

4.1　基本概念

4.1.1　几种常用数制

在日常交流中,当评论两人的水平相差无几,一般会用成语"半斤八两"来形容。旧制中一斤为十六两,八两即半斤,故半斤、八两质量相等。古时一斤有十六两,和现在的一斤有十两,虽然数值不同,但表达的数量是相等的。十六和十分别代表不同的进制。

在电子计算机中,常用的数制有:十进制、二进制、八进制、十六进制。

十进制　十进制是日常生活和工作中最常使用的进位计数制。在十进制数中,每一位有 0~9 共十个数码,所以计数的基数是 10。超过 9 的数必须用多位数标识,其中低位和相邻高位之间的关系是"逢十进一",故称为十进制。当多种数制的数混合使用时,为了和其他数制的数区别,采用下角标的形式,例如 $(1011)_{10}$、$(567)_D$,下角标 D 的含义是 Decimal。

二进制　目前在数字电路中应用最广泛的是二进制。在二进制数中,每一位仅有 0 和 1 两种可能的数码,所以计数基数为 2,低位和相邻高位之间的关系是"逢二进一",故称为二进制。常采用下角标 2 或者 B(Binary)表示括号里的数是二进制数,例如 $(1011)_2$。

八进制　在某些场合有时也使用八进制。八进制数的每一位有 0~7 共八个不同的数码,计数的基数是 8,低位和相邻高位之间的关系是"逢八进一"。有时常用 O(Octal)代替下角标 8,表示八进制数,例如 $(1011)_8$。

十六进制　十六进制数的每一位有 16 个不同的数码，分别用 0～9、A(10)、B(11)、C(12)、D(13)、E(14)、F(15)表示，计数的基数是 16，低位和相邻高位之间的关系是"逢十六进一"。数$(1011)_{16}$、$(32DF)_{16}$ 中，采用下角标 16 表示括号里的数是十六进制数，有时也用 H(Hexadecimal)代替这个下角标。

在 Arduino 程序编写时，为了区别各种数制的数字，一般在数字前增加前缀，前缀和对应的数制如表 4-1 所列。

表 4-1　Arduino C 语言中各种数制的前缀

数　制	前　缀	实　例	对应十进制数值
二进制(Binary)	0b	0b100	4
八进制(Octal)	0	0100	64
十进制(Decimal)	无前缀	100	100
十六进制(Hexadecimal)	0x	0x100	256

4.1.2　几种常用数制间的转换

下面讲述整数间各种数制间的转换。

1. 二-十转换

将二进制数转换成等值的十进制数称为二-十转换。二-十转换要从右到左用二进制的每个数乘以 2 的相应次方(称为权数)，然后按照十进制加法规则求和，这种方法称为"按权相加"法。$(10101)_2=(21)_{10}$ 转换成十进制时可参考如下进行：

位数	⋯	n	⋯	4	3	2	1	0
二进制数	⋯	k	⋯	1	0	1	0	1
权数	⋯	$2n$	⋯	16	8	4	2	1
二进制数×基数		$k\times 2n$		16	0	4	0	1
相加求和		$\sum k\times 2n$			21			

2. 十-二转换

十-二转换，就是将十进制数转换为等值的二进制数。十-二转换采取"除 2 取余，逆序排列"法。具体的做法是：用 2 整除十进制整数，可以得到一个商和余数；再用 2 去除商，又会得到一个商和余数，如此进行，直到商为 0 时为止，然后把先得到的余数作为二进制数的低位有效位，后得到的余数作为二进制数的高位有效位，依次排列起来。

例如，将$(173)_{10}$转化为二进制数步骤如下：

$$
\begin{array}{r}
2\,\underline{|\,173} \quad \cdots\cdots \quad 余数=1 \\
2\,\underline{|\,\ 86} \quad \cdots\cdots \quad 余数=0 \\
2\,\underline{|\,\ 43} \quad \cdots\cdots \quad 余数=1 \\
2\,\underline{|\,\ 21} \quad \cdots\cdots \quad 余数=1 \\
2\,\underline{|\,\ 10} \quad \cdots\cdots \quad 余数=0 \\
2\,\underline{|\,\ \ 5} \quad \cdots\cdots \quad 余数=1 \\
2\,\underline{|\,\ \ 2} \quad \cdots\cdots \quad 余数=0 \\
2\,\underline{|\,\ \ 1} \quad \cdots\cdots \quad 余数=1 \\
0
\end{array}
$$

故$(173)_{10}=(10101101)_2$。

3. 二-十六转换

由于 4 位二进制数恰好有 16 个状态，所以在二进制数转换成十六进制时，只要从低位到高位将每 4 位二进制数分成一组，用等值的十六进制数代替即可。十六进制数转换成等值的二进制数，只需将十六进制数的每一位用等值的 4 位二进制数代替就行。

例如，数$(8FA)_{16}=(100011111010)_2$的转换如下：

$$
\begin{array}{ccc}
(8 & F & A)_{16} \\
= \ (1000 & 1111 & 1010)_2
\end{array}
$$

4. 二-八转换

二-八转换与二-十六转换类似，由于 3 位二进制数恰好有 8 个状态，所以在二进制数转换成八进制时，只要从低位到高位将每 3 位二进制数分成一组，用等值的八进制数代替即可。八进制数转换成等值的二进制数，只需将八进制数的每一位用等值的 3 位二进制数代替就行。

例如，数$(752)_8=(111101010)_2$的转换如下：

$$
\begin{array}{ccc}
(7 & 5 & 2)_8 \\
= \ (111 & 101 & 010)_2
\end{array}
$$

十进制数、八进制数、十六进制数间的转换，一般都是先转换成二进制数，然后再将二进制数转换成等值的制数。

4.2 器件介绍

图 4-1 电位器
模块

电位器模块 如图 4-1 所示。电位器模块由电位器封装而成。电位器是可变电阻的一种。电位器有三个触点,它由一个电阻体和一个转动系统组成。当在电阻体的两个固定触点(两端引脚)之间外加一个电压时,通过转动系统改变中间引脚上分到的电压比例,从而改变输出的电压值,如图 4-2 所示。

图 4-2 电位器原理示意图

电位器没有极性,在电路图中,电位器的符号如图 4-3 所示。

电位器模块有三个引脚:GND、VCC、AO(AO 是模拟输出 Analog Output 的简称)。使用时 AO 引脚一般连接 UNO 主板的模拟(Analog)输入引脚,读取电位计数值。

图 4-3 电位器

图 4-4 光敏电阻

光敏电阻 如图 4-4 所示。光敏电阻是利用硫化镉或硒化镉等半导体材料的光电导效应制成的一种电阻值随入射光的强弱而改变的电阻器。光照愈强,阻值就愈低,随着光照强度的升高,电阻值迅速降低,亮电阻值可小至 $1\ k\Omega$ 以下。光敏电阻对光线十分敏感,其在无光照时,呈高阻状态,暗电阻一般可达 $1.5\ M\Omega$。

为了增加灵敏度,光敏电阻两个电极常做成梳状,如图 4-4 所示。

光敏电阻没有极性,在电路图中,光敏电阻的符号如图 4-5 所示。

图 4-5 光敏电阻

在电路中,为了读取光敏电阻随光线强度的变化值,电路连接时需要串联一个电阻。

图 4 - 6　LED 灯
模块

　　LED 灯模块　如图 4 - 6 所示。LED 灯模块由 LED 灯和
相应的限流电阻电路组成，直接使用 LED 模块，大大提高了电
路搭建的效率。

　　LED 灯模块一共三个引脚：GND、VCC、DI。使用时，
GND、VCC 引脚分别连接 UNO 主板的 GND 和 VCC，DI 引脚
连接 UNO 主板的数字信号输出引脚。

　　此外，LED 灯模块中的 LED 灯采用插拔设计，可根据需要
更换不同颜色的 LED 灯，插入时请注意不要接错正负极。

4.3　项目一：读取电位器的模拟信号值

所需器件

■　电位器模块　　　1 个
■　3P 数据线　　　　1 根

电路搭设

　　读取电位器模拟信号值电路示意图如图 4 - 7 所示，读取电
位器模拟信号值电路原理图如图 4 - 8 所示。

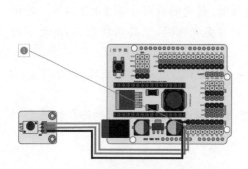

图 4 - 7　读取电位器模拟信号值电路示意图

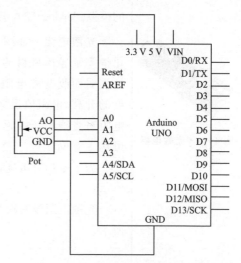

图 4 - 8　读取电位器模拟信号值电路原理图

搭设说明
❶

将电位器模块的 GND 和 VCC 引脚通过 3P 数据线分别连接到扩展板的 GND 和 5 V，AO 引脚连接到扩展板的 A0 引脚。这时旋转按钮，AO 引脚的电压值在 0～5 V 之间变化，如图 4－9 所示。

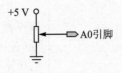

图 4－9　电位器分压示意

Mixly 程序

程序编写

```
const int potPin = A0；  //设置电位器模块的连接引脚为 A0
void setup() {
  Serial.begin(9600)；  //打开串口并设置串口的波特率
}
void loop() {
  int potVal = analogRead(potPin)；  //❶从 A0 引脚读取模拟值
  Serial.print("Value = ")；
  Serial.println(potVal)；  //将串口值输送到串口监视器
  Serial.println(potVal,HEX)；  //❷
  delay(100)；  //等待 100 ms
}
```

程序运行
❶

本语句的含义是读取模拟引脚 A0 的值并储存在变量 potVal 中。

analogRead 函数是系统的自带函数，功能是从指定的模拟输入引脚（A0～A5）读取数据值。将 0～5 V 之间的输入电压映射到 0～1 023 之间的整数值。

analogRead 函数的调用格式如下：

```
analogRead(pin)；
//  pin：模拟输入引脚，UNO 主板 A0～A5 引脚。
//  返回值：函数的返回值在 0～1 023 之间。
```

75

生活中接触到的大多数信息是随着时间连续变化的物理量，如声音、温度、压力、流量等。表达这些信息的电信号，称为模拟信号（Analog Signal）。在 Arduino 控制系统中，一般使用 0～5 V 的电压来表示模拟信号。

模拟输入引脚带有 ADC（Analog-to-Digital Converter）功能，将外部输入的模拟值电压信号转换成芯片运算时可以识别的数字信号，从而实现读入模拟值的功能。

模拟/数字转换分为取样和量化两个阶段，如图 4-10 所示。

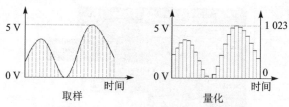

图 4-10　模拟/数字转换示意图

UNO 主板所采用的控制器芯片的 ADC 有 10 位精度，$2^{10} =$ 1 024，即可以将 0～5 V 的电压转换为 0～1 023 的整数形式表示，如表 4-2 所列。

表 4-2　输入电压和 analogRead( )返回值对照表

输入电压/V	analogRead( )的返回值
0	0
⋮	⋮
2.5	512
⋮	⋮
5	1 023

❷　　Serial. println(potVal, HEX)语句的功能是将 potVal 以十六进制的方式输出到串口监视器。println(val)函数可以直接将内容（val）输出到串口监视器，也可以对输出的内容指定对应的格式，语法如下：

```
println(val,format);
  val：输出到串口监视器的内容。
  format：指定输出的格式。当 val 为整数时，format 参数为 BIN、OCT、
        DEC、HEX 时分别表示以二进制、八进制、十进制（默认）、十六进
        制格式输出 val 值。当 val 为浮点数时，format 代表输出浮点
        数的小数位数。
  例如：Serial.println(3.2,2);　 //输出结果为 3.20
        Serial.println(3.245,2);　//输出结果四舍五入后为 3.25
```

| 程序运行 | 单击工具栏中的上传按钮,将程序上传到 UNO 板。打开串口监视器,旋转电位器按钮,观察串口监视器显示的数值在 0～1 023 之间不断变化。 |

4.4 项目二: 通过电位器控制 LED 灯的亮度

| 知识准备 | 上面的小实验,学习了通过模拟信号输入函数 analogRead() 来读取模拟输入引脚的电压值,并以 0～1 023 之间的整数值显示出来。 |

　　相对应,Arduino 也提供了模拟信号输出函数 analogWrite()。本项目通过电位器来控制 LED 灯亮度的渐变,利用模拟信号输出函数 analogWrite()。

所需器件	■ LED 灯模块　　1 个
	■ 电位器模块　　1 个
	■ 3P 数据线　　　2 根

| 电路搭设 | 电位器控制 LED 灯亮度电路示意图如图 4 - 11 所示,电位器控制 LED 灯亮度电路原理图如图 4 - 12 所示。 |

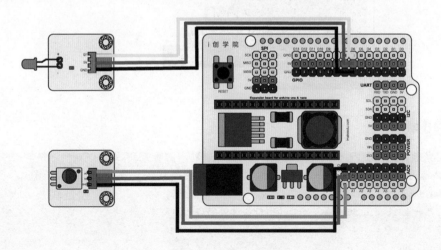

图 4 - 11　电位器控制 LED 灯亮度电路示意图

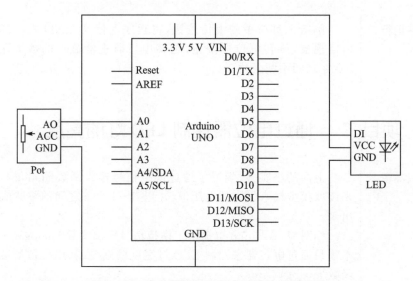

图 4 - 12　电位器控制 LED 灯亮度电路原理图

| 搭设说明 | LED 灯模块的 DI 引脚和数字引脚 6 相连，电位器模块的 AO 引脚和模拟引脚 A0 相连。 |

Mixly 程序

```
声明 ldrPin 为 整数▼ 并赋值    A0
声明 ledPin 为 整数▼ 并赋值    6
声明 potVal 为 整数▼ 并赋值    0
potVal 赋值为    模拟输入 管脚#    ldrPin
Serial▼ 打印    " Value= "
Serial▼ 打印（自动换行）    potVal
potVal 赋值为    potVal ÷▼ 4
模拟输出 管脚#    ledPin 赋值为    potVal
延时 毫秒▼    100
```

程序编写

```
const int ldrPin = A0;  //设置电位器模块的连接引脚为 A0
const int ledPin = 6;  //设置 LED 灯模块的连接引脚为 6
void setup() {
  Serial.begin(9600);  //打开串口并设置串口的波特率
}
void loop() {
  int potVal = analogRead(ldrPin);  //❶从 A0 引脚读取模拟值
```

```
    Serial.print("Value = ");
    Serial.println(potVal);   //将串口值输送到串口监视器
    potVal = potVal/4;   //❷
    analogWrite(ledPin,potVal);      //❸
    delay(100);   //延时 0.1 s
}
```

程序说明	
❶	通过 A0 模拟输入引脚读取电位器的电压值,并把 0~5 V 的电压值信号转换为 0~1 023 之间的整数值。
❷	"potVal = potVal/4;"这条语句将 potVal 值的范围由 0~1 023 转换为 0~255,因为输出的范围为 0~255。
❸	向引脚 6 写入 0~255 之间的数值,引脚 6 根据模拟信号值,输出 0~5 V 之间的电压。

analogWrite 函数是系统的内建函数。功能是向指定的数字引脚通过 PWM(Pulse Width Modulation,脉冲宽度调制)方式输出模拟值,在指定引脚输出 0~5 V 之间变化的电压值。

analogWrite 函数的调用格式如下:

```
analogWrite(pin,value);
//  pin:模拟输出引脚,UNO 控制器 3/5/6/9/10/11 引脚
//  value:范围 0~255,当模拟值为 255 时指定引脚完全打开,输出 5 V
//        电压;当模拟值为 0 时指定引脚完全关闭
```

analogWrite()函数执行时,指定引脚会通过高低电平的不断转换来输出一个周期为 490 Hz 的方波,通过改变每个周期中高电平所占的比例(占空比),从而实现输出不同电压的效果。

脉冲宽度调制(Pulse Width Modulation 简称 PWM)

PWM 指在数字系统中,通过调整占空比(Duty Cycle)来实现模拟输出。

PWM 与采用可变电阻控制输出变化相比,电能不会在变换的过程中被损耗掉。

通过占空比调整电压输出图示如图 4-13 所示。

PWM 电压输出计算方式如下:

$$等效输出电压 = 占空比 \times 高电平值$$

占空比:一个脉冲周期内高电平时间所占的比例。

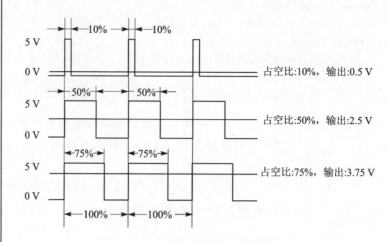

图 4 - 13　占空比调整电压输出示意图

analogWrite()函数中的 value 参数和输出电压的关系如表 4 - 3 所列。

表 4 - 3　analogWrite()函数中的参数值 value 和输出电压对照表

value 参数值	输出电压/V
0	0
⋮	⋮
128	2.5
⋮	⋮
255	5

程序运行　　单击工具栏中的上传按钮，将程序上传到 UNO 板。打开串口监视器，旋转电位器按钮，观察串口监视器显示的数值在 0～1 023 之间不断变化。当数值为 1 023 时，LED 灯最亮。

程序进阶　　尝试一下，将程序行❷中的"/4"删除，重新上传程序，看 LED 灯会发生什么样的变化？

4.5　项目三：通过光敏电阻调整 LED 灯的亮度

知识准备

　　光敏电阻随着光照强度的变化，其电阻值也随之发生变化。搭建一串联电路，根据"串联分压"的原理，读取光敏电阻的电压值，可以反映出当前光照强度和电压值的比例关系。

所需器件

- ■　LED 灯模块　　1 个
- ■　1 kΩ 电阻　　1 个
- ■　光敏电阻　　　1 个
- ■　3P 数据线　　1 根
- ■　杜邦线　　　　若干

电路搭设

　　光敏电阻调整 LED 灯亮度电路示意图如图 4-14 所示，光敏电阻调整 LED 灯亮度电路原理图如图 4-15 所示。

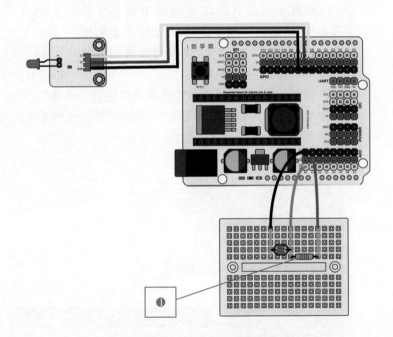

图 4-14　光敏电阻调整 LED 灯亮度电路示意图

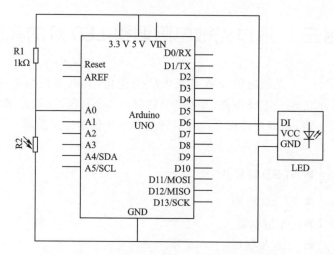

图 4-15　光敏电阻调整 LED 灯亮度电路原理图

　　利用光敏电阻的阻值随光照强度变化的特性，在电路中一定要串联一个电阻，方能读取到变化的数据。串联电阻的阻值需根据设计确定。

　　串联电阻的目的就是利用串联分压原理，当光敏电阻阻值变化时，模拟输入引脚处的电压会随之发生变化，读取的数值也因此而变化，如图 4-16 所示。

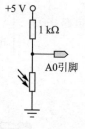

图 4-16　串联分压

　　与之相同，在使用弯曲传感器或者压力传感器时，也必须串联一个电阻。因为弯曲传感器和压力传感器返回的是电阻值，阻值随着弯曲度和压力变化而变化。

声明 intLow 为 整数 并赋值 0
声明 intHigh 为 整数 并赋值 1023
声明 ldrPin 为 整数 并赋值 A0
声明 ledPin 为 整数 并赋值 6
声明 ldrVal 为 整数 并赋值 0
ldrVal 赋值为 模拟输入 管脚# ldrPin
Serial 打印 " Value= "
Serial 打印 ldrVal
ldrVal 赋值为 映射 ldrPin 从 [intLow , intHigh] 到 [0 , 255]
Serial 打印 " -- "
Serial 打印（自动换行） ldrVal
模拟输出 管脚# ldrPin 赋值为 ldrVal
延时 毫秒 100

程序编写

```
const int intLow = 0;  //设置光敏电阻的下限值
const int intHigh = 1023;  //设置光敏电阻的上限值
const int ldrPin = A0;  //设置光敏电阻的连接引脚为 A0
const int ledPin = 6;  //设置 LED 灯模块的连接引脚为 6

void setup() {
  Serial.begin(9600);  //打开串口并设置串口的波特率
}
void loop() {
  int ldrVal = analogRead(ldrPin);  //❶
  Serial.print("Value = ");
  Serial.print(ldrVal);  //将串口值输送到串口监视器
  ldrVal = map(ldrVal,intLow,intHigh,0,255);  //❷
  Serial.print(" -- ");
  Serial.println(ldrVal);
  analogWrite(ledPin,ldrVal);  //❸
  delay(100);  //延时 0.1 s
}
```

程序说明

❶ 通过 A0 模拟输入引脚读取电路中间点的电压值,把 0～5 V 的电压值信号转换为 0～1 023 之间的整数值。

❷ 将 ldrVal 从 intLow(0)～intHigh(1023)映射到 0～255 之间。

map()函数也是系统提供给的内建函数,map()函数的调用格式如下:

```
map(value,fromLow,fromHigh,toLow,toHigh);
//    Value:需要映射的值
//    fromLow:当前范围的下限
//    fromHigh:当前范围的上限
//    toLow:目标范围的下限
//    toHigh:目标范围的上限
//    返回值:映射后的值
```

map()函数的功能是将一个数从一个范围映射到另外一个范围。也就是说,将 fromLow～fromHigh 之间的 value 值映射到 toLow～toHigh 之间,map()函数返回映射后的值。

83

❸ 　　　　向引脚 6 写入 0～255 之间的模拟信号值,引脚根据模拟信号值输出 0～5 V 之间的电压,控制灯的亮度的变化。

程序运行　　　单击工具栏中的上传按钮,将程序上传到 UNO 板,打开串口监视器窗口。将手指放置在光敏电阻上,观察串口监视器串口数值的变化;同时观察灯的变化,发现随着遮挡程度的加强,LED 灯的亮度越来越亮。

　　　　将光敏电阻完全遮挡后,观察并记录 potVal 值的变化。试着修改 intLow 和 intHigh 的值,让 LED 灯随光线变化更为灵敏。你是怎么做到的?

　　　　将程序行❷中 map() 函数中的 0 改为 255,255 改为 0,重新上传程序,观察效果有什么变化。

程序进阶　　　修改程序,实现当完全遮挡光敏电阻时,LED 灯的亮度最大;当处于正常状态没有遮挡时,LED 灯完全熄灭;随着遮挡程度的加强,LED 灯的亮度相应增加。

4.6　项目四：呼吸灯的制作

知识准备　　　呼吸灯就是亮度不断渐变,由暗到亮,然后由亮到暗,好似呼吸一般的效果。通过 analogWrite() 函数向 LED 灯所连接引脚写入不同的值,即可实现呼吸灯的效果。此外还可以通过电位器来控制呼吸灯的呼吸频率。

所需器件
- LED 灯模块　　　1 个
- 电位器模块　　　1 个
- 3P 数据线　　　　2 根

电路搭设　　　电路搭设和本章 4.4 节项目二的电路一致,电路搭接参见项目二。

Mixly 程序

程序编写

```
const intpotPin = A0;   //设置电位器模块的连接引脚为 A0
const int ledPin = 6;   //设置 LED 灯模块的连接引脚为 6

void setup() {
  Serial.begin(9600);
}
void loop() {
  int potVal = analogRead(potPin);   //❶
  potVal = potVal/10;   //❷
  Serial.println(potVal);
  for(int i = 0;i <= 255;i += 5){   //❸
    analogWrite(ledPin,i);   //❹
    delay(potVal);   //延时 potVal 毫秒
  }
  for(int i = 255;i >= 0;i -= 5){   //❸
    analogWrite(ledPin,i);   //❹
    delay(potVal);   //延时 potVal 毫秒
  }
}
```

程序说明

❶

通过 A0 模拟输入引脚,读取电位器输出端的电压值,并把 0~5 V 的电压值转换为 0~1 023 之间的整数值。

❷　　　将 potVal 值的范围缩小 $\frac{1}{10}$ 至 0～100，作为后续程序中的延迟时间。

❸　　　for 循环语句。i＋＝5 的含义为 i＝i＋5，i－＝5 的含义为 i＝i－5，控制 LED 灯亮度的数值变化幅度为 5。

❹　　　向引脚 6 写入 0～255 之间的模拟信号值，引脚根据模拟信号值，输出 0～5 V 之间的电压，控制灯的亮度变化。

程序运行　　　单击工具栏中的上传按钮，将程序上传到 UNO 板，打开串口监视器窗口。此时 LED 灯亮度的变化类似于人在呼吸一样。

调整电位器，可以观察到亮度变化的频率发生变化，但应注意，电位器调整后，LED 灯变化的频率不是马上就发生变化，为什么？将程序行❶、❷移动到 for 循环内程序行❹下方，上传程序，看有什么结果。

本项目的电路连接和项目二的电路连接完全一样，但实现的功能完全不同，这就是控制程序的魅力所在。

4.7　数字信号/模拟信号操作函数

Arduino 提供的 5 个基本控制函数，是传感器和执行器进行通信的基本操控函数。熟练掌握这些函数对后续学习具有极大的帮助。现将 5 个基本函数的语法汇总如下：

Arduino
5 个基本
控制函数

1. 数字信号操作函数

■　pinMode(pin，mode)
　　功能：设置指定数字引脚的工作模式。
　　参数：pin 为数字引脚 0～13、A0～A5；
　　　　　Mode 为 INPUT/OUTPUT/INPUT_PULLUP。
　　返回值：无。
■　digitalRead(pin)
　　功能：从指定的数字引脚读取值。
　　参数：pin 为数字引脚 0～13、A0～A5。
　　返回值：1(HIGH)或 0(LOW)。

■ digitalWrite(pin, value)

功能：向指定的数字引脚写入 HIGH 或 LOW。

参数：pin 为数字引脚 0～13、A0～A5；

value 为 HIGH(1)或 LOW(0)。

返回值：无。

2. 模拟信号操作函数

■ analogRead(pin)

功能：从指定的模拟输入引脚读取值。

参数：pin 为模拟引脚 A0～A5。

返回值：0～1 023。

■ analogWrite(pin, value)

功能：向指定的模拟引脚写入值。

参数：pin 为引脚 3/5/6/9/10/11；

value 为 0～255。

返回值：无。

4.8 本章思考题

1. 光敏电阻的阻值随着光照强度的变化如何改变？

2. 电位器的工作原理是什么？

3. 读取模拟数据的函数是什么？

4. UNO 控制器中模拟信号的输入引脚有哪些？

5. 为什么 UNO 控制器读取模拟数据的返回值在 0～1 023 之间？0 和 1 023 分别对应的输入电压是多少？

6. PWM 的含义是什么？占空比的含义是什么？

7. 输出模拟信号的函数什么？

8. UNO 主板中模拟信号输出引脚有哪些？

9. 模拟输出函数的参数数字和电压的对应关系是什么？

10. 通过光敏电阻读取数据时,光敏电阻为什么要串联一个电阻？

11. map()函数的功能是什么？函数中 5 个参数的含义是什么？

第5章　迎宾机器人

　　现如今,机器人已经越来越多地应用到服务领域,如会场、餐厅、商场等场所。当宾客经过时,机器人会主动打招呼:"您好! 欢迎光临"。当宾客离开时,机器人会说:"欢迎下次光临"。2016 年 Alpha 机器人在央视春晚舞台上的表演动作整齐、韵律感十足,它们精彩的表演给全国观众留下了深刻的印象,在全国掀起了学习机器人的热潮。下面我们来一起制作一个简单的迎宾机器人吧!

　　本章通过五个项目来学习舵机、超声波模块、语音模块的功能和使用。舵机是执行器,类似人的手;超声波模块是传感器,类似人的眼睛;语音模块也是执行器,类似人的嘴巴。本章还将了解、学习 Arduino 的类库,通过类库可以非常方便地对传感器、执行器进行操控。在前四个项目铺垫的基础上,综合完成迎宾机器人。

5.1　器件介绍

图 5-1　9g 舵机

　　舵机　如图 5-1 所示。舵机是一种精确定位角度的执行器。舵机由直流电机、减速齿轮组、传感器和控制电路组成。在微机电系统和航模中舵机常用作基本的输出执行机构。

　　课本使用的舵机为 9g 舵机,其特征参数如下:

工作电压:3.5～6 V。

转动范围:0°～180°。

扭矩:1.6 N·m(电压 4.8 V 时)。

舵机有 3 个杜邦线母口接口,含义分别如下:

褐色连线:GND;

红色连线:VCC;

黄色连线:信号端。

超声波模块

超声波转接板

图 5-2　超声波模块及转接板

超声波传感器及转接板　如图 5-2 所示。超声波传感器是利用超声波的特性研制而成的传感器。超声波接收到触发信号后,模块自动发出 8 个 40 kHz 的方波,同时开始计时并自动检测是否有信号返回,通过记录超声波从开始发送到接收到回波的时间间隔,来判断前方障碍物的距离。

工作电压:5 V。

有效探测距离:2 mm~2.5 m。

感应角度范围:15°。

超声波转接板的作用是为了便于连接和固定超声波传感器。

超声波传感器和转接板有 4 个引脚:GND、VCC、Trig、Echo。Trig 引脚为触发引脚,Echo 引脚为数据接收引脚(注:在使用时需注意超声波传感器与转接板引脚排列顺序有所区别)。

图 5-3　语音模块

语音模块　如图 5-3 所示。语音模块由语音芯片和喇叭组成,语音芯片预先将语音内容烧录进芯片,烧录后的语音内容不可二次修改,每条语音有一个地址编号,根据地址编号选择输出指定地址的语音内容。语音内容及对应的地址编号详见附录 B。

工作电压:1.8~5.5 V。

语音模块有 5 个引脚:GND、VCC、RST、Data、Busy。引脚功能详见项目二。

5.2　项目一: 舵机动起来

知识准备

从本章开始,将学习更多的传感器和执行器知识。在使用之前,要养成通过技术手册(DataSheet)查阅器件技术参数的习惯。

Arduino 之所以风靡全球,其中一个最大的优势就是有非常丰富的类库。即使不了解某个器件的工作原理,但如果该器件有第三方的 Arduino 类库,则可以通过学习类库提供的例程来使用该器件。

知识准备

什么是 Arduino 类库呢？Arduino 类库是操控特定硬件的源程序代码的集合。在 Arduino 程序中，直接调用类库中封装的功能函数（也称为成员函数），就可以直接使用该硬件。有了类库，就可以忽略硬件复杂的底层操作，把更多的精力放到创意中去。

Arduino 类库从安装方式分为三类：

- 核心库，例如 Serial 库；
- 软件安装自带库，例如 Servo 库等；
- 外部库，例如 IRemote 库等。

首先讲述外部库的安装。外部库有两种发布方式，常用的发布方式为.ZIP 压缩包，另一种发布方式为库源文件。

外部库的安装方式如图 5 - 4 所示。

选择"项目"→"导入库"→"添加库"。

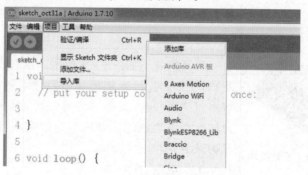

图 5 - 4　Arduino IDE 添加库操作示意图

在弹出的窗口中选择.ZIP 压缩包或者库源文件夹，单击"确认"按钮即可。

再次选择"项目"→"导入库"，查看弹出的菜单条，刚才添加的类库已经添加到弹出的菜单条中。

类库的使用。系统安装自带库和外部库的使用方式一样，使用时遵循如下三个步骤：

- 引用库的头文件；
- 定义库对象；
- 使用库函数。

所需器件

- 电位器模块　　1 个
- 舵机　　　　　1 个
- 3P 数据线　　　1 根

　　舵机动起来电路连接示意图如图 5-5 所示,舵机动起来电路原理图如图 5-6 所示。

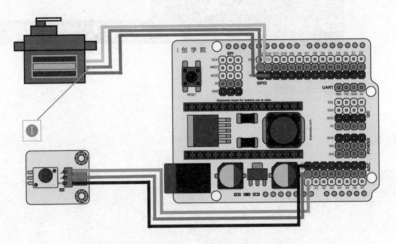

图 5-5　舵机动起来电路连接示意图

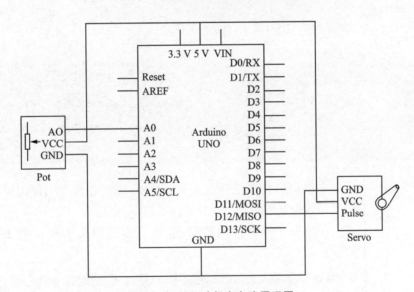

图 5-6　舵机动起来电路原理图

　　用三根杜邦线把舵机连入电路中,如下:

舵机正极 V(红色引线)→5 V;

舵机负极 G(褐色引线)→GND;

舵机信号极 S(橙色引线)→数字引脚 12。

Mixly 程序

声明 servoPin 为 整数▼ 并赋值 12
声明 potPin 为 整数▼ 并赋值 A0
声明 val 为 整数▼ 并赋值 0
val 赋值为 模拟输入 管脚# potPin
val 赋值为 映射 val 从 [1 , 1023] 到 [0 , 180]
舵机 管脚# servoPin
角度(0~180) val
延时(毫秒) 100

程序编写

```
#include <Servo.h>  //❶
Servo myServo;  //❷
const int servoPin = 12;  //设置舵机的连接引脚为 12
const int potPin = A0;  //设置电位器的连接引脚为 A0

void setup() {
  myServo.attach(servoPin); //❸
}
void loop() {
  int angle = analogRead(potPin);
  angle = map(angle, 0, 1023, 0, 180); //将 angle 从 0~1 023 映射到 0~180
  myServo.write(angle);  //❹
  delay(100);//延迟时间,让舵机转动到位
}
```

程序说明

本语句的含义是导入舵机函数库,以便在程序中使用库中的功能函数控制舵机运行。

在使用库的功能函数前,必须导入库的头文件。语法格式如下:

#include <库头文件名.h>

库文件导入语句除了在程序编辑窗口直接输入外,还可以通过如下步骤快捷输入:选择"项目"→"导入库"→单击所要导入的库名称即可。

❷　新建一个舵机对象 mySevo。

为了能操纵舵机,需要创建一个舵机库的变量,这个变量被称为对象。

定义类库对象的程序语句如下:

```
//类库名称 对象名称;
```

不同硬件的类库,在新建对象时,格式不完全一样。

当创建舵机库对象 mySevo 后,mySevo 对象就拥有了舵机库提供的所有功能函数的功能,就可以直接通过舵机库功能函数来操控舵机。

使用类库提供的库函数的语法格式如下:

```
//对象名称 . 库功能函数();
```

❸　使用舵机库功能函数 attach(),该函数的功能是告诉 Arduino 将定义的舵机对象 mySevo 连接到数字引脚 9。

❹　功能函数 write(angle)的功能是用于设定舵机旋转角度 (angle),角度范围为 $0°\sim180°$。

程序运行　本程序使用 analogRead 函数读取电位器的值 $0\sim1\,023$,再通过使用 map 函数将该值(angle)映射到 $0\sim180$ 范围,从而控制舵机的转动。

单击工具栏中的上传按钮,将程序上传到 UNO 控制器。通过旋转电位器,将观察到随着电位器转动角度的变化,舵机跟随转动。

程序进阶　类库在 Arduino 学习中有着非常重要的位置,也是 Arduino 具有旺盛生命力的主要原因之一。所有的库都是以源代码的方式提供。特别是官方提供的类库,软件文档齐全,写法规范,简洁高效,是不可多得的范例级程序。

类库在系统中的存储位置有两处:

● Arduino 软件安装目录\libraries 下;

● Arduino 系统项目文件夹\libraries 下,系统的项目文件夹可以通过选择菜单"文件"→"首选项"查看。

下面以舵机 Servo 库为例，讲述类库的构成。

类库一般由四个部分组成：

● 实现类库功能的源代码文件，该文件为 C++源代码，后缀为 .cpp。

● 类库的头文件，为 .h 文件后缀的头文件。头文件定义了类库的数据和成员函数。

● 示例文件，是演示类库的使用方法，一般放置在类库文件的 examples（示例）文件夹里。它可以通过选择菜单"文件"→"示例"，然后选择相应类库的示例文件即可。

● keyword.txt 文件，用于描述类库给 Arduino 词汇表添加了哪些新的关键词，这样在 Arduino IDE 里输入库的名称或功能函数时，就会显示为彩色字体。

上述四个部分中，类库的源代码文件和头文件是不可缺少的。

Servo 库位于 Arduino 软件安装目录\libraries\servo 下，Servo 库文件名称及存储位置如表 5-1 所列。

表 5-1　Servo 库文件名称及存储位置

名　称	位　置
源码文件	..\libraries\Servo\src\avr\Servo.cpp
头文件	..\libraries\Servo\Servo.h
示例文件	..\libraries\Servo\examples
keyword.txt	..\libraries\Servo\keyword.txt

5.3　项目二："世界那么大，我想去看看"

知识准备　　语音模块集成了语音芯片和扬声器。在使用语音模块之前，要先了解一些语音芯片的基本知识和芯片的技术参数。

芯片的引脚编号　DIP 芯片的引脚编号原则是：芯片的封装有一个半圆形的缺口，当缺口向上时，缺口左侧的第一个引脚标号为 1，其他引脚的标号按照逆时针方向，依次增加。如图 5-7 所示为语音芯片的引脚编号示意图。

图 5-7　语音芯片
引脚编号示意图

　　语音芯片的引脚功能　语音芯片引脚图如图 5-8 所示,语音芯片引脚功能如表 5-2 所列。

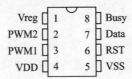

图 5-8　语音芯片引脚图

表 5-2　语音芯片引脚功能

引脚名称	功　　能
Vreg	内部稳压输出
PWM2	PWM 音频输出,连接喇叭
PWM1	PWM 音频输出,连接喇叭
VDD	电源正极
VSS	电源地
RST	复位引脚
Data	触发计数引脚
Busy	Busy 信号引脚

　　芯片的工作时序　根据语音芯片工作手册,语音芯片工作的时序如图 5-9 所示。

- 先向 RST 引脚发送 100 μs 的高电平,启动语音芯片;
- 等待 100 μs 后,向 Data 引脚发送 N 个 100 μs 的脉冲信号,N 为播放的语音所对应的地址;
- 发送完脉冲信号后等待 200 μs,语音芯片通过 PWM 引脚播放地址 N 对应的语音;
- 播放语音时,Busy 引脚输出高电平 。

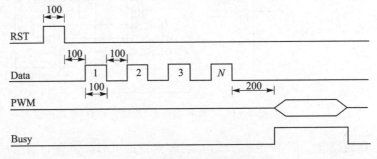

图 5-9　语音芯片工作时序图

　　芯片语音内容及其对应的地址详见附录 B。

所需器件	■ 语音模块　　　1 块
	■ 5P 数据线　　　1 根

电路搭设	"世界那么大，我想去看看"电路连接示意图如图 5 - 10 所示，"世界那么大，我想去看看"电路原理图如图 5 - 11 所示。

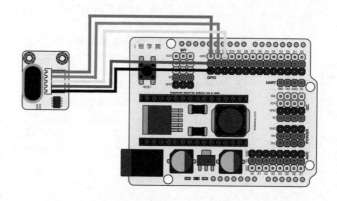

图 5 - 10　"世界那么大，我想去看看"电路连接示意图

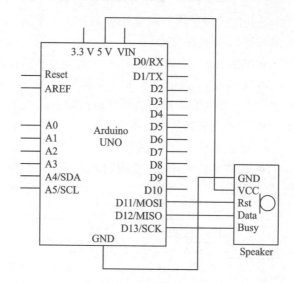

图 5 - 11　"世界那么大，我想去看看"电路原理图

搭设说明	RST、Data、Busy 对应的引脚分别是 11、12、13，不要接反。

Mixly 程序

程序编写

```
const int Rst = 11；  //语音芯片 Rst 连接引脚连接 11
const int Data = 12；  //语音芯片 Data 连接引脚 12
const int Busy = 13；  //语音芯片 Busy 连接引脚 13

void setup() {
    pinMode(Rst, OUTPUT)；  //❶设置 11 引脚为输出模式
    pinMode(Data, OUTPUT)；  //❶设置 12 引脚为输出模式
    pinMode(Busy, INPUT)；  //❶设置 13 引脚为输入模式
}

void loop() {
    readSentence(68)；  //❷调用函数,让语音芯片读出地址为 68 的语音
}

void readSentence(int num) {
    digitalWrite(Rst, LOW)；  //❸Rst 引脚拉低
    delayMicroseconds(2)；    //❸延时 2 μs
    digitalWrite(Rst, HIGH)；  //❸ Rst 引脚拉高
```

```
delayMicroseconds(100);  //❸延时 100 μs
digitalWrite(Rst, LOW);  //❸Rst 引脚拉低
delayMicroseconds(100);  //❹延时 100 μs
for (int i = 0; i < num; i++)  //❺
{
  digitalWrite(Data, HIGH);  //Data 引脚拉高
  delayMicroseconds(100);  //延时 100 μs
  digitalWrite(Data, LOW);  //Data 引脚拉低
  delayMicroseconds(100);  //延时 100 μs
}
while (digitalRead(Busy));  //❻判断语音芯片是否正在工作
}
```

程序说明	
❶	根据语音芯片的器件手册，将分别与 RST 和 Data 引脚相连接的引脚 11 和引脚 12 设置为输出，将与 Busy 引脚相连接的引脚 13 设置为输入。

❷ 自定义函数 readSentence，参数为所要朗读的文字所对应的地址号码 68。参考附录 B，地址 68 所对应的文字为"世界那么大，我想去看看"。

❸ 程序的目的是向语音芯片的 RST 引脚发送一个 100 μs 的高电平，要发送高电平，应在发送前先拉低，然后再拉高，延迟所需时间后，再拉低。RST 引脚工作时序如图 5-12 所示。

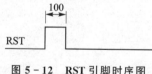

图 5-12　RST 引脚时序图

函数 delyMicorseconds() 的功能和 delay() 相似，delay() 函数延迟的时间单位是毫秒（ms）；delyMicorseconds() 函数延迟的时间单位是微秒（μs）。

❹ 延迟 100 μs，准备发送 Data 信号。

❺ for 循环语句，连续往 Data 引脚发送 68 个脉冲，让语音芯片播放地址为 68 的语音。Data 引脚工作时序如图 5-13 所示。

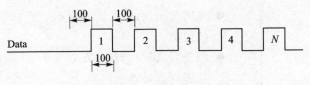

图 5 - 13　Data 引脚时序图

❻　　while 循环语句。该语句的作用是判断 Busy 引脚是否是高电平,如果是高电平,则一直循环执行该语句,目的是连续播放多条语音时,前一条语音播放完毕,方能进行下一条语音的播放。

程序运行　　单击工具栏中的上传按钮,将程序上传到 UNO 板。扬声器将会循环播放"世界那么大,我想去看看"的语音提示。

　　将 loop()函数里的语句改成如下内容,上传程序,看看是什么效果。

```
void loop() {
  readSentence(24);
  readSentence(2);
  readSentence(3);
  readSentence(19);
  readSentence(18);
}
```

5.4　项目三：超声波测距

知识准备　　超声波传感器有两个信号引脚:Trig 引脚和 Echo 引脚。Trig 引脚是触发引脚,Echo 引脚是信号接收引脚。

　　超声波传感器时序图如图 5 - 14 所示。

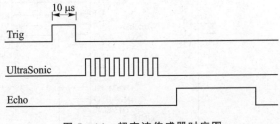

图 5 - 14　超声波传感器时序图

- 先向 Trig 引脚发送时长不小于 $10~\mu s$ 的高电平，触发超声波模块。
- 触发后，模块会自动发射 8 个 40 kHz 的方波，并自动检测是否有信号返回。
- 如果有信号返回，则通过 Echo 引脚输出一个高电平，高电平持续的时间是超声波从发射到接收的时间。

$$测试距离＝高电平持续时间×340~\text{m/s}÷2$$

所需器件

■ 超声波传感器及转接板　　各 1 块

■ 4P 数据线（2＋1＋1）　　　1 根

电路搭设　　超声波测距电路连接示意图如图 5－15 所示，超声波测距电路原理图如图 5－16 所示。

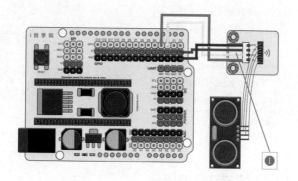

图 5－15　超声波测距电路连接示意图

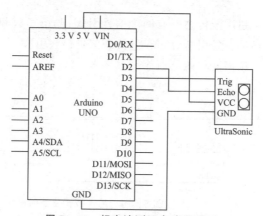

图 5－16　超声波测距电路原理图

搭设说明 ❶	先将超声波传感器连接到转接板;然后用 4P 数据线将转接板和 UNO 控制器相连接;VCC 连接到 UNO 控制器 5 V 引脚,GND 连接到 GND 引脚,Echo 连接到引脚 2,Trig 连接到引脚 3。

Mixly 程序

程序编写

```
const int TrigPin = 3;  //超声波的触发引脚连接引脚 3
const int EchoPin = 2;  //超声波的接收引脚连接引脚 2
int distance;  //定义全局变量,保存距离

void setup() {
  Serial.begin(9600);
  pinMode(TrigPin, OUTPUT);
  pinMode(EchoPin, INPUT);
}

void loop() {
  digitalWrite(TrigPin, LOW);
  delayMicroseconds(2);  //❶
  digitalWrite(TrigPin, HIGH);  //❶
  delayMicroseconds(10);  //❶
  digitalWrite(TrigPin, LOW);  //❶
  distance = pulseIn(EchoPin, HIGH) / 58.0;  //❷
  Serial.print(distance);
  Serial.println("cm");
  delay(100);
}
```

程序说明 ❶	本段语句的目的是先拉低 Trig,然后发送 10 μs 的高电平信号去触发超声波传感器。

❷

本语句的含义是计算距离并换算成 cm（厘米）。

pulseIn() 函数是系统内建函数，用来读取一个引脚的脉冲（HIGH 或 LOW）。例如，如果参数 value 的值是 HIGH，pulseIn() 会等待引脚变为 HIGH 开始计时，再等待引脚变为 LOW 时停止计时。返回脉冲的持续时间单位为 μs。pulseIn() 函数的用法如下：

```
pulseIn(pin, value);
pulseIn(pin, value, timeout);
//pin:要进行脉冲计时的引脚号
//value:要读取的脉冲类型,HIGH 或 LOW
//timeout(可选):指定脉冲计数的等待时间,单位为 μs,默认值是 1 s
//返回值:脉冲时长,单位 μs,如果超时则返回 0
```

程序运行

单击工具栏中的上传按钮，将程序上传到 UNO 板。打开串口监视器，拿书本对着超声波传感器前后移动，串口监视器窗口将显示当前的距离数据。

程序进阶

程序行 ❷ 中 58.0 是如何得来的呢？自己推导一下。

5.5 项目四：距离说出来

知识准备

项目三，超声波检测的距离显示在串口监视器中；项目二，学习了如何驱动语音芯片；本项目将超声波返回的距离，通过语音芯片播报出来。不过，本节不需要再重复编写那么多语句了，已经将项目二语音芯片的操作函数封装成一个 Voice 库。Voice 库的初始化函数如下：

```
Voice(int pin1,int pin2,int pin3)
//功能:Voice 库的初始化函数。通过该函数,建立库对象,并初始化语
//      音芯片的 Rst、Data、Busy 引脚
//参数:
//   Pin1:语音芯片 Rst 引脚相连接的引脚
//   Pin2:语音芯片 Data 引脚相连接的引脚
//   Pin3:语音芯片 Busy 引脚相连接的引脚
```

Voice 库提供了两个成员库函数:VoiceWord()和 VoiceNum(),
功能如下:

```
VoiceWord( int num);
//功能:播报地址 num 所对应的语音
//参数:
//    num:所播报语音的地址号

VoiceNum( int num);
//功能:将数 num 的语音播报出来
//参数:
//    num:欲播报的数,0 < num < 999
```

使用之前,参考项目一所示方法,将 Voice 库添加到 Arduino
IDE 中。Voice 库的文件为 voice.zip。

Mixly 软件添加语音库的步骤如下:

● 安装语音库文件。在 Mixly 基本功能区单击"导入库",在
打开的窗口中选择语音库文件 voice.mil。语音库文件可
扫描本书的二维码,到 i 创学院网站下载。

● 安装完毕,在左侧模块区下方,会出现 voice 模块分类,单
击该模块分类,弹出如图 5 - 17 所示窗口。

语音模块分类有如下两个:

voiceWord 功能:播报地址 num 所对应的语音。

voiceNumber 功能:将参数 num 的语音播报出来。

图 5 - 17　voice 模块分类示意图

所需器件	■ 超声波传感器及转接板	各 1 块
	■ 语音芯片模块	1 个
	■ 4P 数据线(2＋1＋1)	1 根
	■ 5P 数据线(2＋3)	1 根

电路搭设	距离说出来电路连接示意图如图 5 - 18 所示，距离说出来电路原理图如图 5 - 19 所示。

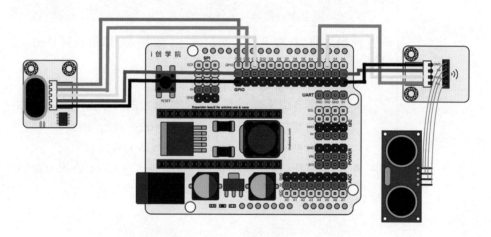

图 5 - 18　距离说出来电路连接示意图

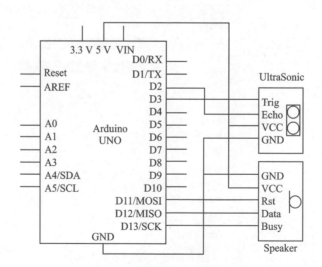

图 5 - 19　距离说出来电路原理图

Mixly 程序

程序编写

```
#include < Voice.h >   //引用语音库
Voice voice(11，12，13)；   //❶定义库对象 voice
const int TrigPin = 3
const int EchoPin = 2；
int distance；
void setup() {
  Serial.begin(9600)；
  pinMode(TrigPin，OUTPUT)；
  pinMode(EchoPin，INPUT)；
}
```

```
void loop() {
    digitalWrite(TrigPin, LOW);
    delayMicroseconds(2);
    digitalWrite(TrigPin, HIGH);
    delayMicroseconds(10);
    digitalWrite(TrigPin, LOW);
    distance = pulseIn(EchoPin, HIGH) / 58.0;
    Serial.print(distance);
    Serial.println("cm");
    voice.VoiceWord(15);      //播报地址为 15 的语音,内容为:前方
    voice.VoiceNum(distance);    //播报距离值 distance
    voice.VoiceWord(16);      //播报地址为 15 的语音,内容为:厘米
    voice.VoiceWord(67);      //播报地址为 33 的语音,内容为:障碍物
    delay(200);
}
```

程序说明

❶

定义库对象 voice(11,12,13),同时指定了语音芯片 Rst、Data、Busy 引脚分别对应 UNO 主板的 11、12、13 引脚。

程序运行

单击工具栏中的上传按钮,将程序上传到 UNO 板。打开串口监视器,将书本对着超声波传感器前后移动,串口监视器窗口将显示当前的距离数据,同时语音播报"前方……厘米障碍物"的提示。

5.6 项目五：迎宾机器人

知识准备

本项目将搭设一个人形迎宾机器人,具有的功能如下:

- 当自远而近逐渐靠近迎宾机器人,并且距离达到 10 cm 时,机器人发出"欢迎光临"的语音,手臂依次向左摆动。
- 当自近而远逐渐远离迎宾机器人且距离达到 20 cm 时,机器人发出"请慢走,欢迎常来"的语音,手臂依次向右摆动。
- 常态时机器人手臂向下。

迎宾机器人的程序流程图如图 5-20 所示。

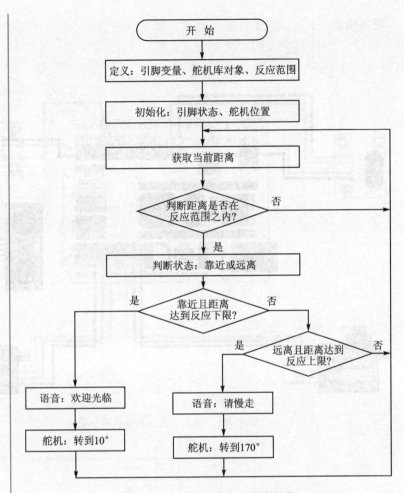

图 5 - 20 迎宾机器人程序流程图

所需器件

- 超声波传感器及转接板　　各 1 个
- 舵机　　　　　　　　　　2 个
- 语音芯片模块　　　　　　1 个
- 3P 数据线　　　　　　　 1 根
- 4P 数据线(2+1+1)　　　 1 根
- 相关结构件　　　　　　　若干

电路搭设　　迎宾机器人电路连接示意图如图 5 - 21 所示，迎宾机器人电路原理图如图 5 - 22 所示。

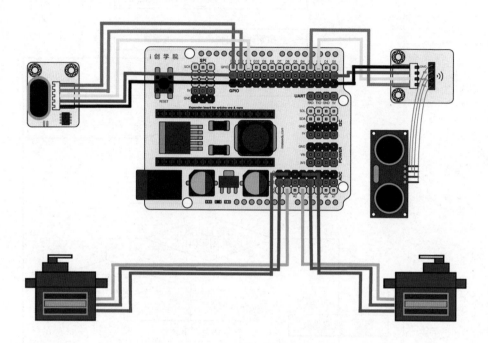

图 5 - 21　迎宾机器人电路连接示意图

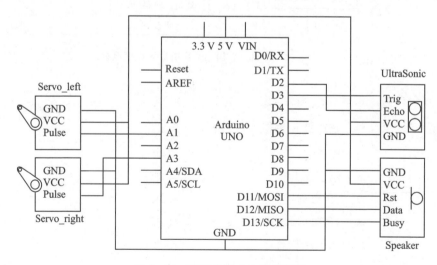

图 5 - 22　迎宾机器人电路原理图

Mixly 程序

声明 nearOrLeft 为 整数▼ 并赋值 0
声明 TrigPin 为 整数▼ 并赋值 3
声明 EchoPin 为 整数▼ 并赋值 2
声明 servoLeftPin 为 整数▼ 并赋值 A1
声明 servoRightPin 为 整数▼ 并赋值 A3
声明 distance 为 整数▼ 并赋值 0
声明 preDist 为 整数▼ 并赋值 0
声明 distMin 为 整数▼ 并赋值 10
声明 distMax 为 整数▼ 并赋值 30

dist 赋值为 超声波测距(cm) Trig# TrigPin Echo# EchoPin

如果 preDist <▼ distance
执行 nearOrLeft 赋值为 0
否则 nearOrLeft 赋值为 1

如果 nearOrLeft =▼ 0 且▼ distance =▼ distMax
执行 舵机 管脚# servoRightPin
角度 (0~180) 10
延时(毫秒) 5
执行 voiceWord 参数:
Rst 11
Data 12
Busy 13
No 50
执行 voiceWord 参数:
Rst 11
Data 12
Busy 13
No 25
执行 voiceWord 参数:
Rst 11
Data 12
Busy 13
No 59

如果 nearOrLeft =▼ 1 且▼ distance =▼ distMin
执行 舵机 管脚# servoLeftPin
角度 (0~180) 10
延时(毫秒) 5
执行 voiceWord 参数:
Rst 11
Data 12
Busy 13
No 26

延时 毫秒▼ 100
preDist 赋值为 distance
舵机 管脚# servoRightPin
角度 (0~180) 90
延时(毫秒) 10
舵机 管脚# servoLeftPin
角度 (0~180) 90
延时(毫秒) 10

voiceWord 参数: Rst, Data, Bu...

程序编写

```
#include < Servo.h >   // 舵机库
#include < Voice.h >   //语音库

Voice voice(11,12,13);   //定义语音库对象 voice
Servo servoLeft;   //定义舵机库对象 servoLeft
Servo servoRight;   //定义舵机库对象 servoRight

const int TrigPin = 3;   //超声波触发引脚连接 UNO 引脚 3
const int EchoPin = 2;   //超声波接收引脚连接 UNO 引脚 2
const int distMin = 10;   //定义响应的范围下限
const int distMax = 20;   //定义响应的范围上限
const int servoLeftPin = A1;   //左侧舵机连接 UNO 引脚 A1
const int servoRightPin = A3;   //右侧舵机连接 UNO 引脚 A3

int distance;   //全局变量,保存当前超声波返回的距离
int preDist = 0;   //用于保存先前的距离状态,用于判断是靠近还是远离
int nearOrLeft = 0;   //状态变量:0 为靠近,1 为远离

void setup() {
  Serial.begin(9600);
  pinMode(TrigPin, OUTPUT);
  pinMode(EchoPin, INPUT);
  servoLeft.attach(servoLeftPin);
  servoRight.attach(servoRightPin);
  servoLeft.write(90);   //❶舵机初始状态为 90°,向下
  delay(100);
  servoRight.write(90);
  delay(100);
}

void loop() {
  getDistance();   //获取当前超声波返回的距离值
  Serial.println(distance);
  if ((distance <= distMax) && (distance >= distMin)) {   //❷
    if (preDist < distance) {   //❸
      nearOrLeft = 1;
    }
    else {
```

```
      nearOrLeft = 0;
    }
    if ((distance == distMin) && (nearOrLeft == 0)) { // ❹
      voice.VoiceWord(21);
      voice.VoiceWord(26);
      servoLeft.write(10);
      delay(100);
      servoRight.write(10);
      delay(100);
    }
    else if ((distance == distMax) && (nearOrLeft == 1)) { //❺
      voice.VoiceWord(50);
      voice.VoiceWord(25);
      voice.VoiceWord(59);
      servoLeft.write(170);
      delay(100);
      servoRight.write(170);
      delay(100);
    }
    else{   //❻
      servoLeft.write(90);
      delay(100);
      servoRight.write(90);
      delay(100);
    }
    preDist = distance;  //❼
  }
}

void getDistance() {  //❽
  digitalWrite(TrigPin, LOW);
  delayMicroseconds(2);
  digitalWrite(TrigPin, HIGH);
  delayMicroseconds(10);
  digitalWrite(TrigPin, LOW);
  distance = pulseIn(EchoPin, HIGH) / 58.0;
}
```

程序说明	
❶	定义舵机的初始位置为 90°，方向向下。左右两个舵机在位置初始化的时候，中间延迟（delay）了 100 ms。其目的是尽可能避免两个舵机同时运动，这样会需要更大的电流，影响系统的稳定。
❷	判断仅在响应距离范围内（distMin～distMax）有反应。

111

❸　　　　if 条件语句，判断当前的状态是靠近还是离开。preDist 保存先前的距离数据，当 preDist 小于当前数据 distance 时，表明正在远离，nearOrLeft 赋值为 1；反之，nearOrLeft 赋值为 0。

❹　　　　if 嵌套条件语句，根据移动状态和距离值，决定执行何种动作。本条件为：处于靠近状态，并且靠近距离达到下限时，触发动作。动作为：播放"欢迎光临"，迎宾机器人双臂挥动，做欢迎状。

❺　　　　本条件为：处于离开状态，并且离开距离达到上限，触发动作。动作为：播放"请慢走，欢迎常来"，迎宾机器人双臂挥动，做欢送状。

❻　　　　迎宾机器人回到初始状态，手臂向下。

❼　　　　将当前距离保存到 preDist 变量，loop 函数内的程序开始下一次循环检测状态，这样才能实时判断状态是靠近还是远离。

❽　　　　将超声波测距的语句单独包装成一个函数 getDistance，距离通过全局变量 ditance 传递。

程序运行　　　　上传程序后，打开窗口监视器，同时用书本在超声波前做前后移动，当距离分别为 10 cm 和 20 cm 时，舵机动作同时扬声器播报内容。

可以按照图 5-23 搭建机器人。详细的搭建步骤可以参见：www.imakeedu.com《Arduino 智能硬件项目实战指南》任务 14。

图 5-23　迎宾机器人参考搭建效果图

程序进阶　　你觉得这个机器人还有什么不足的地方需要改进？试着修改程序,让你的迎宾机器人反应更加精准,动作和语言更加人性化,样子更加可爱。把你的作品和程序上传到 i 创学院网站,大家比一比!

Arduino 提供了很多函数,本书不可能一一列举,本书 1.7.6 小节"Arduino IDE 编程语言参考"曾讲到,如何查找各种函数的功能。

在第 3 章智能红绿灯中,讲到了通过方波来驱动蜂鸣器发出声音。Arduino 系统提供了声调函数 tone( )和 noTone( )。tone( )函数输出一个占空比为 50%,频率可调的方波,以此来驱动蜂鸣器或扬声器振动,从而发出声音。noTone( )函数停止向指定引脚输出方波,使蜂鸣器或扬声器静音。

结合这两个函数和超声波传感器,制作一个空气电子琴。随着手在超声波前的移动,蜂鸣器弹奏出悦耳的音乐。

常用的音符所对应的频率可以访问 i 创学院网站 imakeedu.com,单击"智能硬件创新课程"进入本章节。项目制作完毕,可以将程序和视频上传,分享给大家。

i 创学院会定期邀请专家举办项目展示、推评活动。获奖项目可有惊喜奖励,详情请查阅网站说明。

5.7　本章思考题

1. 什么是类库? Arduino 类库分为哪三类?
2. 如何安装库? 安装后类库的保存位置?
3. 引用库包含哪三个步骤?
4. 舵机库提供哪些常用的功能函数?
5. 一般芯片引脚的命名规则是什么?
6. pulseIn 函数的功能是什么?

第6章

红外遥控调速小风扇

炎热的夏天,很多人都怕得空调病,选择使用电风扇,但是电风扇调挡需要手动去按,使用不便,为了解决这一问题,我们来一起制作遥控小风扇。在制作之前,大家先思考一下遥控小风扇都具有哪些功能呢?

本章先介绍导体、二极管、晶体管的基础知识,因为在风扇电机的转速控制中,将使用到它们。要实现风扇的遥控功能,需要通过项目一学习如何使用红外遥控组件。

6.1　基本概念

6.1.1　导体、半导体、绝缘体

我们的日常生活已经离不开计算机、手机等电子设备,电子设备的使用使我们的生活更加便捷。这些电子设备中的核心器件都是由半导体材料制造而成的。UNO控制器中的 MCU(Atmel 328P)就是由半导体工艺制造而成的。

材料若根据它们的导电能力分类,则那些容易导电的物质,如铝、铜、银等被称为导体;不容易导电的物质,如橡胶、玻璃等被称为绝缘体;导电性能介于导体和绝缘体之间的这类物质被称为半导体,常见的半导体材料为硅和锗。

硅在地壳元素中的数量排第二,生活中随处可见的沙子,其主要成分就是二氧化硅。但自然界中很难找到纯的硅晶体,只有纯净的硅晶体才能用于电子器件的制作。

在形成晶体结构的半导体中,人为地掺入特定的元素时,其导电性能具有可控性;而且,在光照和热辐射等条件下,其材料导电性会有明显的变化;这些特殊的性质就决定了半导体可以成为各种电子器件的核心材料。

6.1.2　二极管

二极管是常见的半导体器件之一。二极管有很多种类型,如整流二极管、开关二极管等。二极管的封装形式也有很多,如图 6-1 所示为常见的二极管封装。

二极管最基本的特性是单向导电性。所以二极管经常用在把交流电压和电流转换成直流电压和电流的电路中,如常见的 AC/DC 电源适配器。前面课程中经常用到的 LED 也是二极管的一种。

二极管是极性器件,图 6 - 1 中有色环一端,表示为二极管的阴极。电路图中,不同类型二极管的符号不同,PN 结二极管的符号为 ┿▷┝二。

图 6 - 1 PN 结二极管

6.1.3 晶体管

严格意义上讲,晶体管泛指一切以半导体材料为基础的单一元件,包括各种半导体材料制成的二极管、三极管、场效应管、可控硅等,不过从国内的习惯上讲,晶体管多指双极型晶体管和场效应晶体管,如图 6 - 2 所示。其中双极型晶体管又简称晶体三极管。

(a) 三极管,达林顿管   (b) 场效应管

图 6 - 2 晶体管

双极型晶体管和场效应管的主要区别在于:双极型晶体管是一种电流控制型半导体器件,需要在控制端(基极)输入或输出电流;场效应管是电压控制型半导体器件,只需要电压。

双极型晶体管和场效应管在电路中几乎都是用小信号来控制大电流的。

本章中将使用双极型晶体管,即三极管。

6.1.4 双极型晶体管

晶体三极管有三只引脚,分别叫做 B(基极)、C(集电极)和 E(发射极)。三个引脚的功能可以概述为:基极(Base)相当于控制台,集电极(Collector)代表收集电流,发射极(Emitter)代表射出电流。

晶体三极管根据构造结构不同,分为 NPN 和 PNP 两种类型,它们的符号如图 6 - 3 所示。

注意:不同型号的三极管,E、B、C 三个引脚的位置不同,具体查看该三极管的数据手册。

NPN 型晶体三极管通常情况下,是断开状态,当一个小的电流流入基极(B)或一个小的正向偏压加在基极和发射极时,它就处于导通状态,允许一个较大的集电极-发射极电

NPN型   PNP型

图 6 - 3 晶体管符号示意图

流,用于开关电路和放大电路。

　　PNP 型晶体三极管与 NPN 型相反,当一个小的电流流出基极(B)或一个小的反向偏压加在基极和发射极时,它就处于导通状态,允许一个较大的发射极-集电极电流,用于开关电路和放大电路。

　　NPN 型和 PNP 型晶体三极管的负载连接如图 6-4 所示。

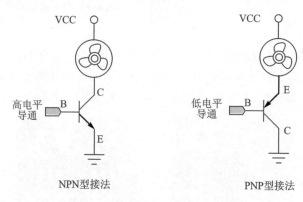

图 6-4　三极管电路示意图

6.2　器件介绍

图 6-5　红外遥控器

　　红外遥控组件　红外遥控组件分别由红外遥控器和红外接收模块两部分组成。红外遥控器将按键的编码值发送到红外接收器模块;红外接收器模块接收遥控器的编码值,并将编码值传送给 UNO 控制器。

　　红外通信是常用的一种无线通信方式。除了红外通信以外,还有蓝牙、Wi-Fi、RFID 等方式。

　　红外通信是一种利用红外光编码进行数据传输的无线通信方式,是目前使用最广泛的一种通信和遥控手段。红外遥控装置具有体积小、功耗及成本低等特点,因而被广泛使用。日常生活中的电视机遥控器、空调遥控器,均使用红外遥控。

　　红外遥控器　如图 6-5 所示。红外遥控器上每一个按键都有各自的编码,按下按键后,遥控器就会发送对应编码的红外波。红外遥控器有多种编码方式,最常见的红外遥控器大多使用 NEC 编码。

图 6 - 6　红外接收模块

红外接收模块　如图 6 - 6 所示。红外接收模块由红外接收头组成,红外接收头是一个一体化的红外接收电路,包含了红外监测二极管、放大器、滤波器、积分电路、比较器等。其功能是接收红外信号并还原成发射端的波形信号。红外接收器接收 38 kHz 左右的红外信号。

红外遥控器发出信号,红外接收器接收信号,处理后将信号传给 Arduino 控制器,由 Arduino 控制器内的程序根据不同按键的键值,控制程序做出不同的反应。

红外遥控模块对应的红外库为 IRremote。该库能接收 Sony、飞利浦、NEC 和其他品牌的遥控器信号。

红外接收器有三个引脚:GND、VCC、DO。

图 6 - 7　三极管 S8050

晶体三极管 S8050　如图 6 - 7 所示。S8050 晶体三极管是 NPN 型,其三个引脚的顺序如图 6 - 8 所示。

1—发射极; 2—基极; 3—集电极

图 6 - 8　S8050 晶体三极管引脚顺序图

图 6 - 9　LM35 温度模块

温度模块　如图 6 - 9 所示。温度模块由 LM35 温度传感器和相应电路构成。LM35 温度传感器的输出电压和摄氏温度呈线性关系,0 ℃时输出为 0 V,每升高 1 ℃,输出电压增加 10 mV。

温度模块的具体参数如下。

工作电压:4~20 V。

比例因数:线性＋10.0 mV/℃。

精度:0.5 ℃精度(在＋25 ℃时)。

温度范围:0~100 ℃。

温度模块有三个引脚 GND、VCC 和 AO。AO 引脚连接模拟输入引脚。

图 6 - 10　直流 小马达

直流小马达　如图 6 - 10 所示。马达是通过电磁感应,将电能转换为机械能的装置,通过改变直流电机两个引脚的电压,控制电机的转速变化、正转或者反转,直流马达也可以发电,将机械能转换成电能。

工作电压:1.5~6 V。

6.3　项目一：红外遥控控制 LED 灯

知识准备

红外遥控器由纽扣电池供电。**注意**:不要将遥控器电池安反。红外遥控器上每个按键都有各自的编码,按下按键后,遥控器就会发送对应编码的红外波。

项目开始前,先安装红外遥控库 IRremote. zip。

红外遥控控制 LED 灯的程序流程图如图 6 - 11 所示。

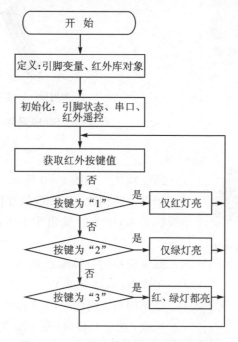

图 6 - 11　红外遥控控制 LED 灯流程图

所需器件	■ 红外遥控器	1 个
	■ 红外接收模块	1 个
	■ LED 灯模块	2 个
	■ 3P 数据线	3 根

电路搭设　红外遥控控制 LED 灯电路连接示意图如图 6 - 12 所示,红外遥控控制 LED 灯电路原理图如图 6 - 13 所示。

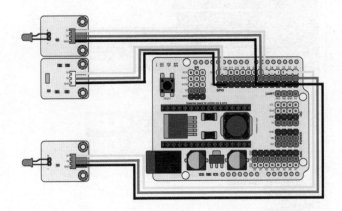

图 6 - 12　红外遥控控制 LED 灯电路连接示意图

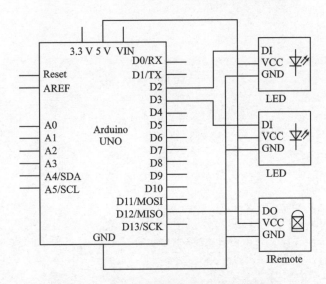

图 6 - 13　红外遥控控制 LED 灯电路原理图

搭设说明　红外接收器模块连接 Arduino 信号引脚 12。

119

Mixly 程序

声明 ledPin1 为 整数▾ 并赋值 2
声明 ledPin2 为 整数▾ 并赋值 3
ir_item 红外接收 管脚# 12▾
有信号 Serial▾ 打印（自动换行） ir_item
　　switch ir_item
　　case 0xFFA25D
　　　数字输出 管脚# ledPin1 设为 高▾
　　　数字输出 管脚# ledPin2 设为 低▾
　　　延时 毫秒▾ 100
　　case 0xFF629D
　　　数字输出 管脚# ledPin1 设为 低▾
　　　数字输出 管脚# ledPin2 设为 高▾
　　　延时 毫秒▾ 100
　　case 0xFFE21D
　　　数字输出 管脚# ledPin1 设为 高▾
　　　数字输出 管脚# ledPin2 设为 高▾
　　　延时 毫秒▾ 100
无信号

程序编写

```
#include < IRremote.h >  //❶
const int ledPin1 = 2;  //定义红色 LED 信号引脚
const int ledPin2 = 3;  //定义绿色 LED 信号引脚
const int irPin = 12;  //定义红外接收器信号引脚
IRrecv irRecv(irPin);  //❷
decode_results results;  //❷

void setup() {
  pinMode(ledPin1 , OUTPUT);
  pinMode(ledPin2, OUTPUT);
  irRecv.enableIRIn();  //❸启动红外接收功能
  Serial.begin(9600);  //初始化串口波特率为 9 600
}
void loop() {
  if (irRecv.decode(&results)) {  //❹接收红外遥控数据，赋值给 results
    Serial.println(results.value, HEX);  //❺将 results 的值以十六进制输出
```

```
switch (results.value) {  //❻
  case 0xFFA25D :  //❼红灯亮
    {
       digitalWrite(ledPin1 , HIGH);
       digitalWrite(ledPin2, LOW);
       break;
    }
  case 0xFF629D :  //❼绿灯亮
    {
       digitalWrite(ledPin2, HIGH);
       digitalWrite(ledPin1, LOW);
       break;
    }
  case 0xFFE21D :  //❼同时亮
    {
       digitalWrite(ledPin1 , HIGH);
       digitalWrite(ledPin2 , HIGH);
       break;
    }
  }
  irRecv.resume();  //❽
 }
}
```

| 程序说明 |

❶　　　　引入红外函数库＜IRremote. h＞。

❷　　　　声明一个红外遥控对象 irRecv，并初始化连接引脚为常量 irPin，连接数据引脚 12。
　　　　声明一个用于存储接收红外按键值的变量，名称为 results。

❸　　　　enableIRIn()红外类库的成员函数。
　　　　功能：初始化红外接收器（解码），启动红外接收功能。
　　　　语法：红外库对象. enableIRIn()。

❹　　　　decode()红外类库的成员函数。
　　　　功能：接收红外信息（解码）。如果 decode()接收到新的数据，则返回值为 true。接收到的数据存储于变量 results 中。
　　　　语法：红外库对象. decode(＆results)。

❺   Serial. println(results. value，HEX)。

功能：将遥控器按键信息通过串口以十六进制方式输出。

results. value 为红外接收头接收的信号；HEX 为十六进制输出方式。BIN 为二进制的输出方式。

遥控器的不同按键都对应有不同的编码，不同遥控器使用的编码方式不同。在串口监视器中，会显示"FFFFFFFF"编码，这是因为使用的是 NEC 协议的遥控器，当按住某键不放时，会重复发送"FFFFFFFF"编码。对其他协议的遥控器，则会重复发送其对应的编码。

❻   使用 switch()选择语句对不同按键编码进行判断，执行不同的程序功能。

switch···case 语句是三种基本程序逻辑结构中的选择结构，其语法表示如下：

```
switch(表达式){
    case 常量表达式 1:
        语句 1
        Break;
    case 常量表达式 2:
        语句 2
        Break;
    case 常量表达式 3:
        语句 3
        Break;
        ⋮
    default:
        语句 n;
}
```

switch 语句和 if 语句相比，脉络更加清晰。不过 switch 语句后的表达式的结果只能是整型或者字符型，如果使用其他的类型，则必须使用 if 语句。

每个 case 语句以"："结束。整个 case 的判断，一般要使用 break 语句退出 switch 结构。如果没有 break 语句，那么程序会继续执行下一个 case 判断，直到下一个 break 语句或整个 switch 结构运行结束。

break 语句也在 for 循环和 while 循环中使用，用于终止当前循环，执行循环体后面的语句。

❼　　0xFFA25D 为按键对应的十六进制编码,每个红外遥控器的各个按键所对应的编码不同,所以需要读取每个按键的编码值,找到按键和其编码值的对应关系。

❽　　resume()红外类库的成员函数。

功能:接收下一个红外编码。

语法:红外库对象. resume()。

resume 不可忽略,应与 decode()函数配对使用,否则,只能读取一个红外按键值,而不再接收新的按键值。

程序运行　　上传程序并打开串口监视器(注意修改波特率为 9 600),将红外遥控器对准红外接收模块,按下红外遥控器各个按键并记录其对应的编码值。

如果接收的按键编码值与程序中不一样,在程序中,请修改程序以反映正确的编码值,重新上传程序。

程序现象:按下按键 1,实现功能 1,红灯亮;按下按键 2,实现功能 2,绿灯亮;按下按键 3,两灯同时亮。

注意事项　　不同种类的红外遥控器,按键的编码值也不相同,所以程序中每个按键对应的功能应根据实际需要调试修改。

6.4　项目二:按键控制直流电机的启停

知识准备　　常用的电机根据电源不同有直流驱动和交流驱动两种,而直流驱动电机又分为直流电机和步进电机。本书采用直流电机。

所需器件

■　按键模块　　　　　　1 个

■　小马达模块　　　　　1 个

■　3P 数据线　　　　　　2 根

电路搭设　　按键控制小马达模块启停电路连接示意图如图 6 - 14 所示,按键控制小马达模块启停电路原理图如图 6 - 15 所示。

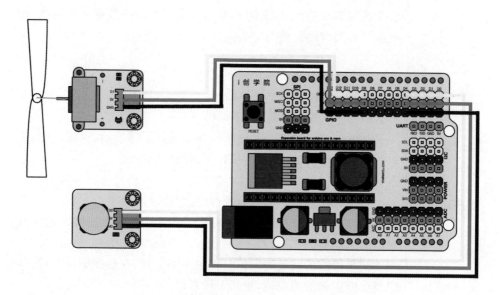

图 6 - 14　按键控制小马达模块启停电路连接示意图

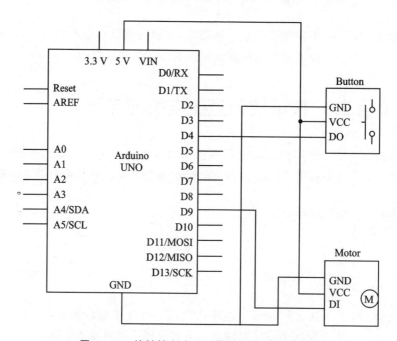

图 6 - 15　按键控制小马达模块启停电路原理图

Mixly 程序

声明 keyPin 为 整数 并赋值 4
声明 motorPin 为 整数 并赋值 9
声明 val 为 整数 并赋值 0
val 赋值为 数字输入 管脚# keyPin
如果 val = 0
执行 数字输出 管脚# motorPin 设为 高
否则 数字输出 管脚# motorPin 设为 低

程序编写

```
const int keyPin = 4;  //定义按键连接引脚为 4
const int motorPin = 9;  //定义晶体三极管基极连接引脚为 9

void setup() {
  pinMode(keyPin, INPUT);
  pinMode(motorPin, OUTPUT);
}

void loop() {
  int val = digitalRead(keyPin);  //读取按键值❶
  if (val == 0) {  //❶
    digitalWrite(motorPin, HIGH);  //❶
  }
  else {
    digitalWrite(motorPin, LOW);  //❶
  }

//  if (val == 0) {
//    for (int i = 50; i <= 255; i += 5) {
//      analogWrite(motorPin, i);  //❷
//      delay(20);
//    }
//    for (int i = 255; i >= 50; i -= 5) {
//      analogWrite(motorPin, i);
//      delay(20);
//    }
//  }
//  else {
//    analogWrite(motorPin, 0);  //❷
//  }
}
```

程序 val ＝ digitalRead(keyPin)读取按键模块的值，赋值给变量 val。因为按键模块默认为上拉电路，所以按键默认状态返回值为 1，当按键按下时，返回值为 0。

电路中的晶体三极管为 NPN 型。

当按键按下时，程序 digitalWrite(motorPin，HIGH)往小马达模块写入高电平，马达加电后启动旋转。

释放按键时，程序 digitalWrite(motorPin，LOW)往晶体三极管基极写入低电平，三极管处于默认断开状态，马达停止旋转。

三极管通断示意图如图 6-16 所示。

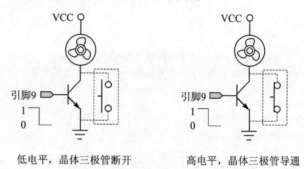

低电平，晶体三极管断开　　　　高电平，晶体三极管导通

图 6-16　小马达模块等效效果图

单击工具栏中的上传按钮，将程序上传到 UNO 板。按下按键，马达开始旋转，释放按键马达逐渐停止。

注释程序中的 if 条件语句，同时把下方注释的语句解除注释，重新上传程序。按下按键，观察马达的运动状态。结合程序❷，思考马达速度变化的原因？

实验发现，通过 analogWrite(motorPin，i)向晶体三极管的基极（B）输入一个 PWM 信号，马达的速度发生了变化。

晶体三极管基极接收到 PWM 信号后，随着 PWM 信号高低电平的变化而导通和断开，导通的时间由占空比决定，通过控制 PWM 值的变化，从而实现马达转速的变化。

所以要通过三极管实现风扇小马达的速度变化，与基极相连的应该是引脚 3/5/6/9/10/11 中的一个。

在上述电路中，增加一个电位器，来控制马达转速的变化。

6.5　项目三：红外遥控调速小风扇

知识准备　本项目通过将舵机、红外遥控、小马达模块等,制作一个实用化的调速小风扇,实现启动、停止、加速、减速以及摇头的功能。请你先自己想一想,应该如何实现呢?

红外遥控调速小风扇的程序流程图如图 6－17 所示。

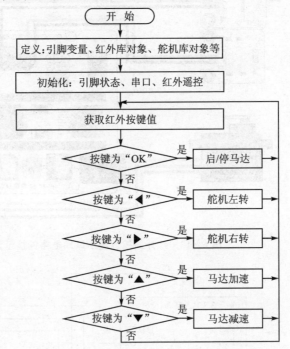

图 6－17　红外遥控调速小风扇程序流程图

所需器件		
■	舵机	1 个
■	红外遥控模块	1 个
■	按键模块	1 个
■	小马达模块	1 个
■	扇叶	1 片
■	结构件	若干
■	杜邦线	若干

电路搭设

红外遥控调速小风扇电路连接示意图如图 6 - 18 所示，红外遥控调速小风扇电路原理图如图 6 - 19 所示。

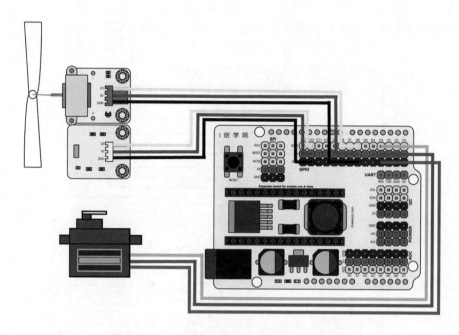

图 6 - 18　红外遥控调速小风扇电路连接示意图

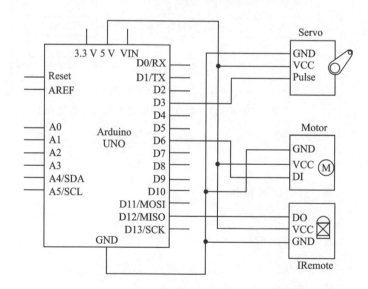

图 6 - 19　红外遥控调速小风扇电路原理图

Mixly 程序

```
声明 irPin 为 整数▼ 并赋值 12
声明 serPin 为 整数▼ 并赋值 3
声明 motorPin 为 整数▼ 并赋值 6
声明 angleStep 为 整数▼ 并赋值 5
声明 speedStep 为 整数▼ 并赋值 5
声明 minSpeed 为 整数▼ 并赋值 50
声明 motorSpeed 为 整数▼ 并赋值 150
声明 angle 为 整数▼ 并赋值 90
声明 motorStatus 为 整数▼ 并赋值 0

ir_item 红外接收 管脚# irPin
有信号 Serial▼ 打印（自动换行） ir_item
    ⚙ switch  ir_item
    case    0xFF18E7
        motorSpeed 赋值为    motorSpeed + speedStep
        ⚙ 如果    motorSpeed > 255
        执行    motorSpeed 赋值为 255
    case    0xFF38C7
        ⚙ 如果    motorStatus = 0
        执行    motorStatus 赋值为 1
        否则    motorStatus 赋值为 0
    case    0xFF4AB5
        motorSpeed 赋值为    motorSpeed - speedStep
        ⚙ 如果    motorSpeed < minSpeed
        执行    motorSpeed 赋值为 minSpeed

    case    0xFF10EF
        angle 赋值为    angle - angleStep
        ⚙ 如果    angle < 0
        执行    angle 赋值为 0
    case    0xFF5AA5
        angle 赋值为    angle + angleStep
        ⚙ 如果    angle > 180
        执行    angle 赋值为 180

    舵机 管脚#    serPin
    角度(0~180)  angle
    延时(毫秒)    10
    ⚙ 如果    motorStatus = 1
    执行    模拟输出 管脚# motorPin 赋值为 motorSpeed
    否则    模拟输出 管脚# motorPin 赋值为 0
无信号
```

程序编写

```
# include < Servo.h >    // 舵机库
# include < IRremote.h >    //红外库
const int irPin = 12;    //定义红外接收器信号引脚
const int serPin = 3;    //定义舵机信号引脚
const int motorPin = 6;    //定义晶体三极管的基极引脚

IRrecv irRecv(irPin);    //声明红外遥控对象 irRecv
decode_results results;    //声明变量,用于接收红外按键值
Servo myServo;    //定义一个舵机对象

constint angleStep = 5;    //设定舵机转动的基本步幅
constint speedStep = 5;    //设定马达转速调整的基本步幅
constint minSpeed = 50;    //设定马达的最低转速
int motorSpeed = 150;    //马达的转速,初始值为150
int angle = 90;    //舵机的位置角度,初始值为90
boolean motorStatus = false;    //状态变量 false:close, true:open ❶

void setup() {
  myServo.attach(serPin);    //初始化舵机数据引脚
  irRecv.enableIRIn();    //启动红外遥控
  myServo.write(angle);    //定位舵机到90°
  Serial.begin(9600);    //初始化串口波特率为9 600
}

void loop() {
  if (irRecv.decode(&results)) {    //接收红外按键值
    Serial.println(results.value, HEX);    //将按键值输出到串口监视器
    switch (results.value) {    //判断按键值
      case 0xFF18E7:    //风扇转速增加 ❷
        {
          motorSpeed = motorSpeed + speedStep;
          if (motorSpeed > 255)
            motorSpeed = 255;
          break;
        }
      case 0xFF38C7:    //启停
        {
          motorStatus = !motorStatus;    //❸
          break;
        }
      case 0xFF4AB5:    //风扇转速降低 ❷
        {
          motorSpeed = motorSpeed - speedStep;
          if (motorSpeed < minSpeed)
            motorSpeed = minSpeed;
          break;
```

```
        }
    case 0xFF10EF:  //舵机左转
        {
            angle = angle - angleStep ;
            angle = (angle < 0) ? 0 : angle;  //❹
        }
        break;
    case 0xFF5AA5：//舵机右转
        {
            angle = angle + angleStep;
            angle = (angle > 180) ? 180 : angle; //❹
        }
        break;
    }
    irRecv.resume();  //接收下一个数据
    }
    myServo.write(angle);  //转动舵机到角度 angle
    if (motorStatus)  //马达转动❺
    {
        analogWrite(motorPin, motorSpeed);
    }
else{  //马达停止
        analogWrite(motorPin, 0);
    }
}
```

程序说明	
❶	定义了马达启停的状态变量 motorStatus。本项目的功能是通过一个按键来切换马达的启动和停止。如何通过一个按键实现两种功能状态呢？通过布尔类型变量 motorStatus 来记录当前的状态,布尔类型的变量值只可能是 true 或者 false。程序中设定值为 true 时马达转动,值为 false 时马达静止。
❷	通过两个按键分别控制马达速度的变化。由上一个项目知道,马达速度的变化是通过 PWM 来控制的,通过程序来改变变量 motorSpeed 值的大小,改变的幅度为 speedStep。因为 PWM 的范围为 0~255,所以当 motorSpeed 的值超出 0~255 时,分别取值为 0 和 255。
❸	"!"是"非"的运算符,如果 motorStatus 的值为 true,那么 "! motorStatus"的值为 false。 　　通过这个语句实现了状态变量 motorStatus 的值在 true 和 false 之间切换。

❹ 程序的功能是控制舵机的转动角度 angle 的值在 0～180 之间。

程序"angle ＝（angle ＜ 0）？ 0 ：angle;"的右侧是一个三目运算符表达式,是一个简化版的选择结构。使用格式如下：

逻辑表达式 1 ？ 表达式 2；表达式 3；

其含义是如果逻辑表达式 1 的值为真,将返回表达式 2 的值；如果逻辑表达式 1 的值为假,将返回表达式 3 的值。

❺ 程序❸实现了状态变量 motorStatus 的变化,通过❺的选择结构语句,实现了马达的启动和停止。

程序运行 单击工具栏中的上传按钮,将程序上传到 UNO 板,按下 OK 按键启动/停止马达。按"◀""▶"键控制舵机左转和右转;按"▲""▼"键,控制马达加速和减速。

把引脚 6 换成引脚 9 或者引脚 10,重新上传程序。看风扇是否还可以具有调速功能。

按照项目二中的讲述,要调整速度,与三极管基极（B）相连的引脚应该是模拟引脚。此时,换成引脚 9 或者 10,风扇的速度却不能发生变化。其原因是,在本项目中,调用了舵机库,舵机库函数内部调用了系统的定时器,从而导致引脚 9 和引脚 10 不再具有 PWM 输出功能。

红外遥控小风扇组装示意如图 6 - 20 所示。

图 6 - 20　红外遥控调速小风扇实物示意图

程序进阶

很多电风扇都有自动摇摆功能,请你修改程序,实现通过红外遥控器上某一功能键,实现风扇的自动摇摆和归位控制。

本章学习完毕,我们应该初步具备通过网络查找资料来学习使用常规传感器的能力。

本章中讲到了温度传感器,尝试给小风扇增加一个温度控制启停功能。当室温大于或等于 26 ℃时,风扇自动打开,低于时自动关闭。请把你的作品视频和程序上传到 i 创学院网站,分享给大家吧!

获取温度传感器的值可以参考如下步骤:

步骤一:连接温度传感器模块到引脚 A0。

步骤二:analogRead(A0)函数读取返回值。

步骤三:返回值×0.488,即得到当前的温度值,参数 0.488 是通过下式计算得到的。

$$(5.0 \div 1\ 024) \times 1\ 000 \div 10 = 0.488$$

6.6　本章思考题

1. 举例说明生活中常见的物体有哪些属于导体、半导体、绝缘体?

2. 二极管的基本特性是什么?

3. 晶体三极管和场效应管的主要不同之处是什么?

4. 晶体三极管分为哪两种类型? 晶体三极管有三只引脚,分别对应哪三个级?

5. 红外遥控模块通过什么方式进行数据传输? 红外信号的一般频率是多少?

6. 使用红外遥控模块的类库时,定义了哪两个对象,各自的作用是什么?

7. 红外类库的 resume()成员函数的功能是什么?

8. switch 语句中的表达式有什么要求?

9. 在项目三中,如何通过程序实现一个按键的多种功能?

课中项目设计

经过前一阶段的学习,已经掌握了 Arduino 软硬件的基本功能,你是不是已经想一展身手,做一些设计了？学以致用,利用我们所学的知识,来解决现实生活中的问题,才是本书学习的重要目的之一。

项目设计主题：制作一个基于 Arduino 智能控制装置,解决现实生活中的不便,通过该装置,可以方便、快乐你的生活,具体主题不限。

制作时间：3 周。

要求：

1. 原创,可以参考现有项目,但不得完全抄袭。

2. 充分利用各种数字工具,控制采用 Arduino 系列控制器。

项目完成形式：

1. 项目实物。

2. 项目 PPT。PPT 必须至少包含个人简介、项目的由来、所欲解决的实际问题、项目制作过程图片、项目实物五个方面的内容。

3. 项目实物演示视频,3 分钟以内。

项目上传网址：www.imakeedu.com《Arduino 智能硬件项目实战指南》课程作业中。

搭建智能小车

前面通过项目学习（PBL）的方式已经对 Arduino 的软硬件知识有了一定的了解，从本章开始，将要进行 Arduino 智能小车的课程，通过搭建智能小车综合并应用以前所学的知识。小车的安装与搭建可以参考 www.imakeedu.com《Arduino 智能硬件实战指南》任务 25，其最终效果如图 7-1 及图 7-2 所示。

图 7-1　智能小车的上部结构

图 7-2　完成搭建的智能小车

项目进阶　　　本章主要完成小车的搭设，你是不是跃跃欲试想让小车动起来呢？

你可以先上网找一找相关资料，自己尝试编写程序，把自己编写的程序上传到小车，看小车能否按照自己的想法动起来。

第8章 红外遥控智能小车

第 7 章已经将智能小车的车体搭设完毕,并接线完成。本章先让小车动起来,然后用红外遥控器实现对智能小车的运动控制。小车动起来,大家一定迫不及待了吧!

8.1 基本概念

在电子机械装置中,需要执行器给其提供动力,常用的执行器有直流电机、舵机、步进电机等。直流电机是最常见的执行器之一。在红外遥控小风扇章节中,通过晶体三极管控制电路实现了电机的启停控制和速度控制,但没有实现转向控制。在很多自动控制场合都需要控制直流电机的正反转。下面讲述常用的控制电机运动的 H 桥电路。

H 桥电路 H 桥电路名称的由来是因为控制电路的形状像英文字母 H 而得名。控制电机正反转的 H 桥开关电路如图 8-1 所示。当开关 A 与 D 闭合时,电流如图 8-1 中左图指示方向流过电机。当开关 B 与 C 闭合时,电流如图 8-1 中右图指示方向流过电机。

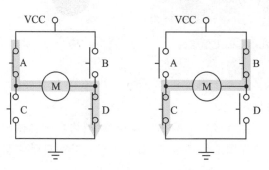

图 8-1 H 桥开关电路示意图

图 8-1 中同侧的开关 A、C 或者 B、D 不能同时打开,否则将导致短路。

将上面的开关换成晶体管,就构成了现在常见的 H 桥控制电路,采用 NPN 和 PNP 晶体管配对,如图 8-2 所示,晶体管 Q1、Q3 和 Q2、Q4 的基极分别相连。

当左侧输入低电平,右侧输入高电平时,晶体管 Q1 和 Q4 导通,Q2 和 Q3 断开,电流流动方向如图 8-2 所示。当左侧输入高电平,右侧输入低电平时,电流流动方

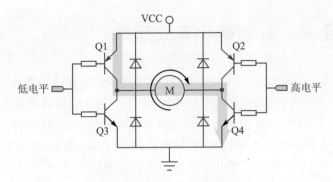

图 8 - 2　晶体管 H 桥电路示意图

向和图示相反。

　　直流电机驱动和控制模块　除了用晶体管自行组装 H 桥控制电路，还可以直接选用专用的电机驱动和控制 IC。常见的有 L293D、L298N、TB6612 等，如图 8 - 3 所示。

图 8 - 3　常见的直流电机驱动芯片示意图

　　图 8 - 3 所示的三种芯片内部都包含了两组 H 桥式电路，可以驱动并控制两个电机的正反转。除 L293D 可直接使用外，L298N 和 TB6612 还需要有外围电路，所以使用时一般都采用成品的电机驱动模块。L298N 和 TB6612 电机驱动模块如图 8 - 4 所示。

图 8 - 4　常见的直流电机驱动模块示意图

8.2 项目一：让智能小车动起来

知识准备

TB6612 电机驱动模块可以驱动 A、B 两路电机，分别位于模块两侧，每侧有两个接线柱，模块一共可以驱动 4 个电机。使用过程中，A、B 两路电机的方向和速度可以不同，但同侧两个接线柱的驱动信号相同，所以同侧电机的方向和转速是相同的。

TB6612 电机驱动模块功能如图 8-5 所示。

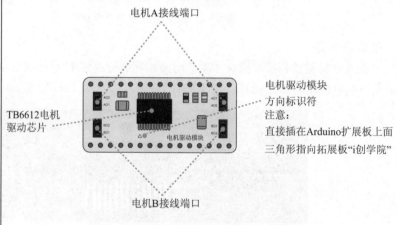

图 8-5　TB6612 电机驱动模块功能示意图

TB6612 电机控制模块使能及方向控制引脚如图 8-6 所示。

图 8-6　TB6612 电机驱动模块引脚示意图

TB6612 电机驱动模块的引脚功能逻辑表如表 8-1 所列。

从表 8-1 可以看出，当 PWA、PWB 引脚为低电平时，电机停止转动；为高电平时，电机正传、反转或者刹停。所以 PWA 和 PWM 引脚也称为使能引脚。

表 8－1 TB6612 电机驱动模块引脚功能逻辑表

左侧（B 路）			右侧（A 路）			运动状态
PWB	BIN2	BIN1	AIN1	AIN2	PWA	
0	X	X				停止
1	0	0				停止
1	1	0				正传
1	0	1				反转
1	1	1				刹停
			X	X	0	停止
			0	0	1	停止
			1	0	1	正传
			0	1	1	反转
			1	1	1	刹停

PWA 和 PWB 引脚还可以分别接收 PWM 信号，控制电机的转速。当接收到 PWM 的值为 255 时，电机全速运转，当 PWM 的值为 0 时，电机停止转动。

从表 8－1 中还可以看出，引脚 AIN1、AIN2、BIN1、BIN2 分别控制电机的启停和转向。智能小车采用两侧电机的速度差实现转向。

了解电机控制模块的控制原理后，就可以进一步了解如何通过控制 AIN1、AIN2、BIN1、BIN2 来实现小车运动方向的控制，如表 8－2 所列。

表 8－2 小车姿态表

小车姿态	图 示	引脚参数
前进		AIN1＝1,AIN2＝0, BIN1＝1,BIN2＝0
后退		AIN1＝0,AIN2＝1, BIN1＝0,BIN2＝1
左转		AIN1＝1,AIN2＝0, BIN1＝0,BIN2＝0

续表 8 - 2

小车姿态	图 示	引脚参数
右转		AIN1＝0, AIN2＝0, BIN1＝1, BIN2＝0
原地左转		AIN1＝1, AIN2＝0, BIN1＝0, BIN2＝1
原地右转		AIN1＝0, AIN2＝1, BIN1＝1, BIN2＝0

程序上传

```
const int leftPin1 = 8;   //AIN1 连接引脚 8
const int leftPin2 = 7;   //AIN2 连接引脚 7
const int rightPin3 = 4;   //BIN1 连接引脚 4
const int rightPin4 = 3;   //BIN2 连接引脚 3
const int leftSpeed = 6;   //PWA 连接引脚 6
const int rightSpeed = 5;   //PWB 连接引脚 5
const int intSpeedPWM = 120;   //❶设置小车运行的初始速度

void setup() {
  // put your setup code here, to run once:
    pinMode(leftPin1,OUTPUT);
    pinMode(leftPin2,OUTPUT);
    pinMode(rightPin3,OUTPUT);
    pinMode(rightPin4,OUTPUT);
}

void loop() {
  // put your main code here, to run repeatedly:
    int delayTime = 2000;
```

```
    analogWrite(leftSpeed,intSpeedPWM);   //❷设定左侧电机的速度
    analogWrite(rightSpeed,intSpeedPWM);  //❷设定右侧电机的速度
    forward();  //前进
    delay(delayTime);
    backward();  //后退
    delay(delayTime);
    turnLeft();  //左转
    delay(delayTime);
    turnRight();  //右转
    delay(delayTime);
    rotateLeft();  //原地左转
    delay(delayTime);
    rotateRight();  //原地右转
    delay(delayTime);
    pause();  //停止
    delay(delayTime);
}
// ===============
// 前进
// ===============
void forward(){
    digitalWrite(leftPin1,1);
    digitalWrite(leftPin2,0);
    digitalWrite(rightPin3,1);
    digitalWrite(rightPin4,0);
}
// ===============
// 后退
// ===============
void backward(){
    digitalWrite(leftPin1,0);
    digitalWrite(leftPin2,1);
    digitalWrite(rightPin3,0);
    digitalWrite(rightPin4,1);
}
// ===============
// 左转
// ===============
void turnLeft(){
    digitalWrite(leftPin1,0);
    digitalWrite(leftPin2,0);
    digitalWrite(rightPin3,1);
```

```
        digitalWrite(rightPin4,0);
}
// ===============
// 右转
// ===============
void turnRight(){
        digitalWrite(leftPin1,1);
        digitalWrite(leftPin2,0);
        digitalWrite(rightPin3,0);
        digitalWrite(rightPin4,0);
}
// ===============
// 原地左转
// ===============
void rotateLeft(){
        digitalWrite(leftPin1,0);
        digitalWrite(leftPin2,1);
        digitalWrite(rightPin3,1);
        digitalWrite(rightPin4,0);
}
// ===============
// 原地右转
// ===============
void rotateRight(){
        digitalWrite(leftPin1,1);
        digitalWrite(leftPin2,0);
        digitalWrite(rightPin3,0);
        digitalWrite(rightPin4,1);
}
// ===============
// 停止
// ===============
void pause(){
        digitalWrite(leftPin1,0);
        digitalWrite(leftPin2,0);
        digitalWrite(rightPin3,0);
        digitalWrite(rightPin4,0);
}
```

设置一个全局变量 intSpeedPWM,值为 120,该变量的作用就是控制小车的运转速度。速度值的范围在 n～255 之间,如图 8-7 所示。

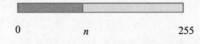

0　　　　　　　　n　　　　　　　255

图 8-7　小车运转速度示意图

图 8-7 中 n 代表克服堵转的最低 PWM 值。堵转是指由于减速电机受到阻力,当输入的 PWM 值产生的动力小于阻力时,电机不能转动,此时,电机会发出嗡嗡的声音。在平面上,小车所用减速电机的 n 值为 90 左右,随着电池电量及其他因素会有不同。

注意:当电机出现堵转的时候需要及时停止驱动,时间稍长会烧坏电机。

通过 analogWrite 向 PWA 和 PWB 引脚写入 PWM 信号,值为 intSpeed。

当写入值为 0 时,电机转动停止;

当写入值为 255 时,电机全速转动;

当写入值在 n～255 之间时,电机转速发生变化。

注意:在上传程序之前,先把电源断开。因为该程序没有设置交互启动,所以如果电源处于打开状态,上传程序后,小车就会启动运转。为防止摔落,可把小车车体架起,使车轮悬空。

程序上传完毕,打开电池盒的电源,车轮开始转动。先观察车轮的转向是否与程序所示一致:前进—后退—左转—右转—原地左转—原地右转—停止。如果车轮的转动方向与程序设计的不一致,那么有两种方式可以解决。

方式一:调换电机与扩展板接口引脚的位置。

方式二:在程序中对调 rightPin1 和 leftPin1 以及 rightPin2 和 leftPin2 对应的引脚号。推荐采用本方式。

查看 stop()函数,还有其他方式可以达到相同的功能。

小车动起来了,但不能人为控制,下面这个项目将用红外遥控器来控制小车的运动。

8.3 项目二：红外遥控智能小车

知识准备　　　　　红外遥控器的使用,详细内容请参考遥控智能小风扇。表 8 - 3 是红外遥控智能小车的功能索引。

表 8 - 3　红外遥控智能小车功能索引

红外遥控器	按　键	功　能
	▲	前进
	▼	后退
	◄	左转
	►	右转
	OK	停止
	1	减速
	2	加速
	3	全速

模块安装　　　　　使用套件的结构件及相关器件搭建效果如图 8-8 所示。

图 8 - 8　红外遥控小车示意图

电路搭设　将红外传感器红外接收头连接到小车,引脚连接如表 8 - 4 所列。

表 8 - 4　红外接收头数据线连接表

部件名称	部件引脚	扩展板引脚
红外接收模块	DO	A0

程序上传

```
# include <IRremote.h>    //引用红外库

const int leftPin1 = 8;    //AIN1 连接引脚 8
const int leftPin2 = 7;    //AIN2 连接引脚 7
const int rightPin3 = 4;    //BIN1 连接引脚 4
const int rightPin4 = 3;    //BIN2 连接引脚 3
const int leftSpeed = 6;    //PWA 连接引脚 6
const int rightSpeed = 5;    //PWB 连接引脚 5
const int irPin = A0;    //红外遥控传感器信号引脚连接主板引脚 A0
const int maxspeedPwm = 255;    //PWM 最大值
const int minspeedPwm = 90;    //PWM 最小值
const int speedStep = 10;    //加速或减速时 PWM 的增减幅度
int intSpeedPwm = 130;    //设置小车运行的初始速度
IRrecv irRecv(irPin);    //定义红外库对象 irRecv
decode_results irResults;    //定义红外数据对象 irResults

void setup() {
  // put your setup code here, to run once:
  pinMode(leftPin1, OUTPUT);
  pinMode(leftPin2, OUTPUT);
  pinMode(rightPin3, OUTPUT);
  pinMode(rightPin4, OUTPUT);
  irRecv.enableIRIn();
  Serial.begin(9600);
}

void loop() {
if (irRecv.decode(&irResults)) {    //❶
    Serial.println(irResults.value, HEX);
    switch (irResults.value) {
```

```
            case 0xFF10EF ：  //左转
              turnLeft();
              break;
           case 0xFF5AA5 ：  //右转
              turnRight();
              break;
           case 0xFF18E7：  //前进
              forward();
              break;
           case 0xFF4AB5：  //后退
              backward();
              break;
           case 0xFF38C7：  //停止
              pause();
              break;
           case 0xFFA25D：  //❷减速
              if (intSpeedPwm - speedStep < minspeedPwm){
                intSpeedPwm = minspeedPwm;
              }
              else{
                intSpeedPwm -= speedStep;
              }
              break;
           case 0xFF629D：  //❷加速
              if (intSpeedPwm + speedStep > maxspeedPwm) {
                intSpeedPwm = maxspeedPwm;
              }
              else{
                intSpeedPwm += speedStep;
              }
              break;
           case 0xFFE21D：  //全速
              intSpeedPwm = maxspeedPwm;
              break;
         }
       analogWrite(leftSpeed, intSpeedPwm);  //设定左侧电机的速度
       analogWrite(rightSpeed, intSpeedPwm);  //设定右侧电机的速度
       irRecv.resume();  //接收下一个值
     }
  }
  // ===============
  //❸小车动作控制函数与上一个项目相同
  // ===============
```

程序说明

❶ 红外传感器各按键的键值,请参阅“红外遥控调速小风扇”的相关内容。

❷ 当按遥控器的数字键2加速和数字键1减速时,当前的speedPWM增加或者减少一个speedStep。if语句的含义是当速度达到最大值或者最小值时,不再发生变化。

❸ 程序中loop()函数调用的小车运动控制函数:forward()、backword、turnLeft、turnRight、rotateLeft、rotateRight与项目一相同,具体内容请参阅本章8.1节的项目一。

项目运行

程序上传后,打开小车电源,将红外遥控器对准红外接收头,现在就可以随意用红外遥控器来操控小车了。

项目进阶

小车实现遥控运动了,在你心目中,小车还应该有哪些功能呢?把你想到的写下来,看后面的课程能否帮助你实现想法。

第9章 反馈型智能跟随小车

"机器人"已经成为生活中频繁出现的词汇。在你心目中,机器人到底是什么样子呢？通过本章的学习,我们将会了解一些机器人的基本知识。

9.1 基本概念

机器人(ROBOT)是能自动执行工作的机器装置。它既可以接受人类指挥,又可以运行预先编排的程序。它的任务是协助或取代人类工作,例如生产业、建筑业,或是危险的工作。机器人的分类没有一个统一的标准,有的按负载重量分类,有的按控制方式分类,也有的按照自由度分类,等等。

现在我们要学习的 Arduino 小车,属于反馈型移动机器人。

9.1.1 反馈型移动机器人

反馈型移动机器人可以简单定义为一种对外界信号进行处理反馈最终实现智能的方式将感知和动作连接在一起的可自移动设备,它必须具有在一个位置的环境中独立完成某些工作的能力。这里的智能更多的是指通过传感器感受外界的变化,通过主控程序进行分析判断,最终通过执行器做出反应。反馈型移动机器人一般包含以下几个要素:

1. 感 知

为了能在未知的复杂环境中有效的工作,机器人必须能够实时收集相应的环境信息。传感器的作用就是为机器人提供这些信息。例如,超声波传感器就能感受距离的变化,并将变化转化为电信号,机器人接收到电信号后,就能够知道外部环境发生了改变。

绝大多数的传感器都是被动工作的,它们等待主控程序来询问外部环境的状态。机器人在工作过程中可能会每秒数百次、数千次地询问同一个传感器相同的问题,对于这些问题的回答可以使机器人明确自己所处的环境状况。

在使用传感器的过程中,首先要搞清楚传感器的回答是什么,是否能作为判断环境状况的依据。比如已经学习过的超声波传感器,经常用来判断前方物体的距离,但超声波返回的信号与环境温度、障碍物接触面积的大小、角度都有关系,知道传感器的影响因素,对于制作一个适用能力更强的反馈型移动机器人是有很大帮助的。

2. 动作与执行

动作与执行是机器人对外界变化做出反应的机构。这个过程和传感器工作的过程相反,是将电信号转换成相应的物理量。其不但可以将电信号转换为声、光,还可以转换为动能、势能、磁能。

机器人的表现出来的动作与外围的机构件有非常紧密的联系,这些结构件通常体现为以下几种形式:杠杆、连轴、凸轮、皮带和齿轮等。不同的结构件所表现出的动作有很大的差异,比如同样是电机转动的动作,配合相应的凸轮机构就能表现为直线运动,配合齿轮机构就能表现为加速或减速的圆周运动。

3. 智　能

机器人的设计、机器人的控制程序、机器人的工作环境三者结合在一起决定了机器人的智能水平。

反馈型移动机器人所处的是一个动态的环境,一旦环境改变就立即做出反应。机器人的智能是基于尽可能全面精确的传感器信号、合理灵活的结构设计、对环境因素的充分考虑再加上优秀的、逻辑性强的程序设计共同完成的。

9.1.2　开环控制和闭环控制

当前控制机器人动作最广泛的两种方式是开环控制与闭环控制。

开环控制是当控制系统接收一个输入量后,不对输出量进行检测和反馈,输出与输入之间没有形成反馈环路的控制系统,称为开环控制系统,如图 9-1 所示。例如火炮发射,就是典型的开环控制系统,开炮前瞄准目标,炮弹一旦发射,控制活动已经结束。

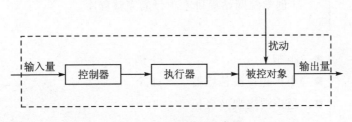

图 9-1　开环控制示意图

闭环控制是当控制系统接收一个输入量后,对输出量进行检测,计算实际输出结果和目标输出结果之间的偏差,并将计算偏差通过某种途径变换后反馈回输入端,以抑制内部或外部扰动对输出量的影响,称为闭环控制系统,如图 9-2 所示。例如导弹发射,导弹发射后,导弹的控制系统会根据对目标的偏差,实时修正导弹的姿态,力争命中目标。

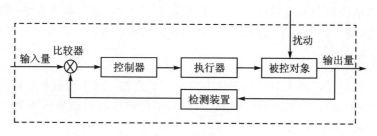

图 9 - 2　闭环控制示意图

开环控制和闭环控制的区别主要有两点：

● 有无反馈；

● 是否对当前控制起作用。

闭环控制一定会持续一定的时间，借此来修正输入端的控制。反馈型机器人的控制一般都采用闭环控制，以适应不断变化的环境。

9.2　项目：反馈型智能跟随小车

知识准备

　　本项目反馈型智能跟随小车的传感器模块采用超声波传感器。智能跟随的原理是：首先设定一个反应距离范围，超声波传感器测量的距离只有在此范围内才起作用。其次再设定智能跟随保持距离，当超声波测量的距离超过该距离时，小车前进；当超声波测得的距离小于该距离时，小车后退。

　　从本章开始，项目的源代码都是在 8.3 节"项目二：红外遥控智能小车"中的小车控制程序基础上增补而成的。所以，在程序上传部分仅写出需要增加的部分，读者可据此完成整个项目的程序。

　　i 创学院网站提供本项目的完整程序。

所需器件

■　小车　　　　　　　　　　1 辆

■　小车超声波传感器　　　1 个

■　超声波支架及底板　　　1 个

■　4P(2＋2)支架　　　　　若干

模块安装

　　超声波支架安装示意图如图 9 - 3 所示，智能跟随小车安装示意图如图 9 - 4 所示。

连接超声
波模块

图9-3 超声波支架安装示意图

图9-4 智能跟随小车安装示意图

程序上传

```
int dist;
int followDist = 30;  //❶定义反应的距离
int followBalance = 10;  //❷定义范围

void loop() {
    followDrive();  //智能跟随
}

// ********************************
//   功能:跟随模式
//   参数:无
```

```
// **********************************
void followDrive() {  //❸
getDistance();  //❹获取当前的距离
  if ((dist >= followDist - followBalance) && (dist <= followDist + followBalance)) {
  analogWrite(leftSpeed, intSpeedPWM);
  analogWrite(rightSpeed, intSpeedPWM);
  if (dist > followDist) {  //当两者间的距离大于设定值时,小车前进
  forward();
    }
    else if (dist < followDist) {  //当两者间的距离小于设定值时,小车后退
  backward();
  }
  else {
  pause();  //小车停止
  }
  }
  else {
  pause();
  }
}
```

程序说明

❶ 　　定义反应距离 30 cm。

❷ 　　设置反应的范围值为 -10~10 cm,共 20 cm。

❸ 　　当超声波检测的距离在 20 cm 和 40 cm 之间时,小车智能跟随功能启用。智能跟随小车流程图如图 9-5 所示。

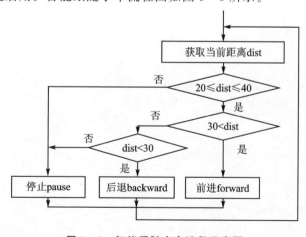

图 9-5　智能跟随小车流程示意图

❹ 通过超声波传感器获取当前的距离,保存在全局变量 dist 中。相关函数参考以前的章节。

项目运行 程序上传后,将手放置在超声波传感器前 30 cm 的距离,此时手远离小车,小车向前运动;当手接近小车时,小车后退;当手移至 20～40 cm 范围以外时,小车静止。

项目进阶 在程序运行过程中,当手静止时,小车并没有静止,而是在前后不停地小幅抖动。究其原因,超声波返回的距离值是一个变化的值,当返回的值小于 30 cm 时,小车后退,小车一后退,距离就大于 30 cm,当距离大于 30 cm 时,小车又收到前进的命令,如此往复,小车就会处于一个前后小幅往复运动的状态,从而导致抖动现象的发生。

抖动现象 当两种不同的行为轮流控制机器人时,或者一个行为的两个不同部分相互抵触时,机器人就有可能发生抖动现象。

循环诊断行为 解决抖动问题的一个方法是使用循环诊断行为。这种行为能使机器人具有一定的适应能力,它检测的对象不是机器人外部的环境信息,而是机器人反复的运动状态。例如,将机器的行为状态(命令动作、时间间隔)保存至状态变量数组,当感知到程序正在相应的时间间隔下不断切换前进和后退操作时,循环诊断行为将接管机器人的控制权,执行一些能够打破目前这种状态的命令。

更好的办法是深入分析了解出现抖动现象的相互影响方式。如本项目,在前进和后退之间设定一个小的区域作为过渡,就会大大减轻抖动现象的发生。此外控制小车的运动精度,避免因为小车运动惯性而产生抖动。

```
if (dist >= followDist + 1) {  //
    forward();
}
else if(dist <= followDist - 1){
    backward();
}
else{
    pause();
}
```

上面的程序中设置了 2 cm 的缓冲区域,可以减少小车因惯性而导致的抖动现象。

第 10 章　利用差分技术的智能小车

AGV(Automated Guided Vehicle)自动导引运输车,是智能工厂的主要装备之一。具有安全保护以及各种装载功能的 AGV 运输车,装有电磁或光学等自动导引装置,能够沿规定的导引路径行驶,大大提升了工作效率,节省了人工。如图 10 - 1 所示就是亚马逊使用的 Kiva 搬运机器人。

图 10 - 1　Kiva 搬运机器人

第 9 章使用了超声波传感器实现了智能小车自动跟踪,但在实际应用中,小车需要在行进过程中发生方向变化,显然单靠一个传感器是不够的。

10.1　基于差分传感器的归航行为

在实际应用中,经常采用两个或多个传感器来检测环境信息,在运动过程中各个传感器检测到的信息一定会有先后、强弱、大小的区别,可以依靠传感器之间的差分信号来控制机器人运动方向。

差分传感器在机器人上的安装方式必须能够保证:当调整机器人的方向使一个传感器的输出信号增强时,另一个传感器的输出信号应随着调整过程的进行逐渐变弱。

寻光归航小车和循迹归航小车两个项目就是基于差分传感器的归航行为。本章将分别实现通过红外循迹传感和光敏电阻传感器实现智能小车的自动导引。

10.2　器件介绍

图 10 - 2　红外循迹模块

红外循迹模块　如图 10 - 2 所示。红外循迹模块由红外发射管、红外接收管及放大电路组成。其工作原理是:利用红外线对颜色的反射率不一样,将对应的反射信号转化为电压信号。红外发射管发射光线到路面,红外光遇到白色则被反射,接收管接收到反射光,经整形电路后输出低电平;当红外光遇到黑线时则被吸收,接收管没有接收到反射光,经整形电路后输出高电平。

红外循迹模块的红外发射和接收头受环境光的干扰较大,一般来说,越靠近反射面,效果越好。

红外循迹模块背面有一个可调电阻,通过调整电阻,可以调节循迹模块的阈值,实现对应数字信号的输出。

工作电压:3.3~5 V。

检测反射距离:1~55 mm。

红外循迹模块共四个引脚:GND、VCC、DO、AO。使用时,GND、VCC 引脚分别连接 UNO 主板的 GND 和 VCC,DO 引脚连接 UNO 主板的数字信号输入引脚,AO 引脚连接 UNO 主板的模拟信号输入引脚。

图 10 - 3　红外避障模块

红外避障模块　如图 10 - 3 所示。红外避障模块与红外循迹模块的工作原理一样,都是利用红外线对颜色的反射率不一样,通过模块中深色的红外接收二极管将反射信号转化为对应的电压信号。

红外避障模块背面有一个可调电阻,通过调整电阻,可以调节循迹模块的阈值,实现数字信号的输出。

工作电压:3.3~5 V。

检测反射距离:10~100 mm。

红外避障模块共三个引脚:GND、VCC、DO。使用时,GND、VCC 引脚分别连接 UNO 主板的 GND 和 VCC,DO 引脚连接 UNO 主板的数字信号输入引脚。

图 10 - 4　光敏
电阻模块

　　光敏电阻模块　　如图 10 - 4 所示,光敏电阻模块是在光敏电阻的基础上,增加外围电路而成。使用时,不再需要串联电阻,可以调整模块上的可调电阻,通过阻值的变化实现数字信号的输出。

　　工作电压：3.3～5 V。

　　光敏电阻模块共有四个引脚：GND、VCC、DO、AO。使用时,GND、VCC 引脚分别连接 UNO 主板的 GND 和 VCC,DO 引脚连接 UNO 主板的数字信号输入引脚,AO 引脚连接 UNO 主板的模拟信号输入引脚。

　　AO 的返回值随着光照强度的加强而减小。

10.3　项目一：循迹归航小车

知识准备

　　在小车的前侧安装两个红外循迹模块,分别位于黑线的两侧。根据红外循迹模块的返回值,来控制小车的状态,左右两侧红外循迹模块的数字返回值分别为：LeftValue 和 rightValue。小车循迹归航的示意图如图 10 - 5 所示,对应状态的参数和调整动作如表 10 - 1 所列。

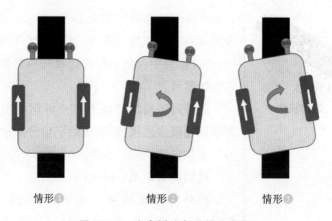

情形❶　　　　　　情形❷　　　　　　情形❸

图 10 - 5　小车循迹归航的示意图

表 10-1　循迹小车姿态调整参数表

情　　形	情形❶	情形❷	情形❸
当前状态	正常 leftValue＝0 rightValue＝0	右偏 leftValue＝1 rightValue＝0	左偏 leftValue＝0 rightValue＝1
调整动作	不调整	左转 rotateLeft()	右转 rotateRight()

所需器件

- 红外循迹模块　　　　　　　　2 个
- 4P 数据线(2＋1＋1)　　　　　2 根
- 黑色电工胶带　　　　　　　　1 卷
- 白色 KT 板(用作地面,可选)　1 张

模块安装

**循迹模块
安装**

　　将循迹模块通过两个 30 mm 的铜柱连接到小车,如图 10-6
所示。

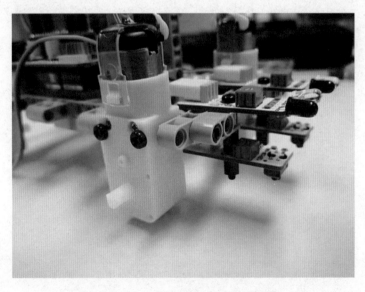

图 10-6　循迹模块安装示意图

连接数据线

红外循迹模块连线如表 10 - 2 所列。

表 10 - 2　红外循迹模块连线表

部件名称	部件引脚	扩展板引脚
左侧循迹模块	DO	11
右侧循迹模块	DO	10

程序上传

```
const int trackLeft = 11;  //左侧循迹模块 DO 连接引脚 11
const int trackRight = 10;  //右侧循迹模块 DO 连接引脚 10
int intSpeed = 110;  //设置小车运行的初始速度

void loop(){
    lineTrack();
}
// *******************************
//  功能:循迹模式
//  参数:无
// *******************************
void lineTrack() {
  intleftValue = digitalRead(trackLeft);  //读取左侧引脚值
  intrightValue = digitalRead(trackRight);  //读取右侧引脚值
  Serial.print(leftValue);  //输出左侧循迹模块的值到串口监视器
  Serial.println(rightValue);  //输出右侧循迹模块的值到串口监视器
  analogWrite(leftSpeed, intSpeed);  //设定左侧马达的速度
  analogWrite(rigthSpeed, intSpeed);  //设定右侧马达的速度

  if ((leftValue == 0) && (rightValue == 0)){  //❶正常
    forward();
  } else if  ((leftValue == 1) && (rightValue == 0)){  //右偏
    while (digitalRead(trackLeft)) {  //❷
      rotateLeft();
      delay(5);
    }
  } else if ((leftValue == 0) &&(rightValue == 1)){  //左偏
    while (digitalRead(trackRight)){
      rotateRight();
      delay(5);
    }
  } else if  ((leftValue == 1) &&(rightValue == 1)){  //双偏
    pause();
  }
}
//后面需增加"8.2　项目一"的方向控制函数
```

程序说明

❶

本段 if 语句采用了多分支结构,根据 trackLeft 和 trackRight 的值分别判断小车正常、右偏、左偏、双偏时小车相应的运动控制。

当 trackLeft 和 trackRight 同时等于 1 时,表示左右两个循迹模块同时检测到黑线,此时小车将停止运行。

本段程序的流程图如图 10-7 所示。

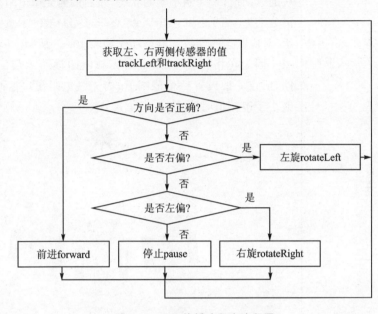

图 10-7　红外循迹程序流程图

❷

while 循环语句,该循环的功能是只要左侧的红外循迹模块检测到的是黑线,小车就原地左转,每次左转的时间是 5 ms,直到左侧的红外循迹模块检测到为白色为止。

项目运行

首先进行场地准备,推荐采用白色的 KT 板作为小车的运动平台,粘贴黑色的电工胶带作为导引轨道,也可以从网上下载相应的轨道图案并打印。

调整红外循迹模块的位置,使左右两侧的红外循迹模块距离黑线外侧 2 mm 左右。

通电后,调整红外循迹模块的可调电阻,使其从白色移动到黑色时,指示灯亮即可。

上传程序,开始享受智能小车自动行驶所带来的乐趣吧。

10.4　项目二：寻光归航小车

知识准备

在小车的前侧两端安装两个光敏电阻模块。根据光敏电阻模块的返回值，来控制小车的状态，左右两侧光敏电阻模块的模拟返回值分别为 leftVal 和 rightVal。小车寻光归航的示意图如图 10-8 所示，对应状态的参数和调整动作如表 10-3 所列。

因为在相同环境下，不同光敏电阻模块返回的模拟值不尽相同，所以一般设置一个范围值，当光敏电阻模块返回的模拟值的差值小于范围值时，小车状态正常，前行。

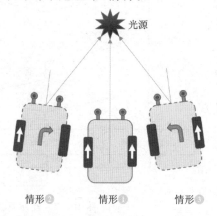

图 10-8　小车寻光归航示意图

表 10-3　寻光归航小车姿态调整参数表

情　形	情形❶	情形❷	情形❸
当前状态	正常 |leftVal－rightVal|＜ 范围值	左偏 leftVal＞ rightVal＋范围值	右偏 leftVal＜ rightVal＋范围值
调整动作	不调整	右转 turnRight()	左转 turnLeft()

本例条件：同样光照条件下，leftVal＞rightVal。

所需器件

- 光敏电阻模块　　　　　2 个
- 4P 数据线（2＋1＋1）　　2 根
- 手电筒　　　　　　　　1 个

将光敏电阻模块通过 8 mm 长的铜柱分别固定在小车前方两侧,两个模块之间的距离越大越好,如图 10-9 所示。

图 10-9　光敏电阻模块安装示意图

连接数据线

光敏电阻模块连线如表 10-4 所列。

表 10-4　光敏电阻模块连线表

部件名称	部件引脚	扩展板引脚
左侧光敏电阻模块	AO	A0
右侧光敏电阻模块	AO	A1

程序上传

```
const intresLeft = A0;  //左侧光敏电阻模块 AO 连接引脚 A0
const intresRight = A1;  //右侧光敏电阻模块 AO 连接引脚 A1
const int resBetween = 30;  //设置左右电阻模块的差值,实测后确定
int intSpeed = 110;  //设置小车运行的初始速度
void loop(){
    lightTrack();
}
// *****************************
//功能:寻光模式
//参数:无
// *****************************
void lightTrack() {
  int leftVal  = analogRead(resLeft); //读取左侧光敏电阻模块值
```

```
int rightVal  = analogRead(resRight);  //读取右侧光敏电阻模块值
Serial.print(leftVal);  //输出左侧光敏电阻模块的值到串口监视器
Serial.println(rightVal);  //输出右侧光敏电阻模块的值到串口监视器
analogWrite(leftSpeed, intSpeed);  //设定左侧马达的速度
analogWrite(rightSpeed, intSpeed);  //设定右侧马达的速度

if (rightVal > (leftVal + resBetween) ) {  //❶右偏
  turnLeft();
  delay(5);
} else if  (leftVal > (rightVal + resBetween))  {  //左偏
  turnRight();
  delay(5);
} else  {  //❶直行
  forward();
}
}
```

程序说明

首先，在相同光照条件下，输出左右两侧光敏电阻模块的返回值，根据返回值，确定范围值常量 resBetween 的大小。

当左侧和右侧光敏电阻模块返回的模拟值的差值小于范围值时，小车的前进方向正对光源。

当左侧的返回值大于右侧的返回值加范围值时，小车的前进方向左偏于光源方向，小车右转。

当左侧的返回值小于右侧的返回值时，小车的前进方向右偏于光源方向，小车左转。

本段程序的流程图如图 10-10 所示。

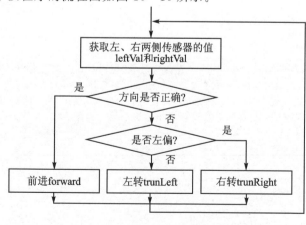

图 10-10 寻光归航程序流程图

| 项目运行 | 程序上传后,可以将室内光线调暗,用手电筒照在小车的前方,小车将追随光源而动。 |

| 项目进阶 | 为了让小车的行动更加智能化,还应该增加如下功能: |

- 设定小车的运动静止状态。当光源远离小车时,光敏电阻模块的返回值就是当前环境光的返回值,此时小车应该处于静止状态。
- 减弱小车的抖动现象。小车运动时,抖动现象比较明显,如何通过程序减弱小车的抖动程度呢?
- 当光源移动到小车身后时,小车的转向反应不是非常明显,如何提升小车转向的灵敏度呢?

10.5　项目三:差分避障小车

| 知识准备 | 避障行为能够使机器人避开障碍物,以免发生危险。基于差分传感器的避障行为,能给机器人避开障碍物时提供转向参考。 |

避障行为在实现过程中经常采用超声波传感器、红外测距传感器、红外接近开关传感器等。

本项目中采用的是红外避障模块。该模块的工作原理与红外寻迹模块一样,都是利用红外线对颜色的反射率不一样,通过模块中的红外接收二极管将反射信号的强弱转化为电信号。

在小车的前侧两端安装两个红外避障模块,根据避障模块的状态返回值,来控制小车的状态,左右两侧避障模块的模拟返回值分别为 leftValue 和 rightValue。小车差分避障示意图如图 10 - 11 所示,对应状态的参数和调整动作如表 10 - 5 所列。

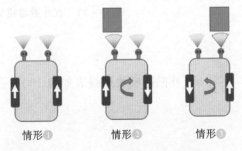

情形❶　　　情形❷　　　情形❸

图 10 - 11　小车差分避障示意图

表 10 - 5 避障模块连线表

情 形	情形❶	情形❷	情形❸
当前状态	前方无障碍 leftValue＝0 rightValue＝0	前方左侧障碍 leftValue＝1 rightValue＝0	前方右侧障碍 leftValue＝0 rightValue＝1
调整动作	不调整	右转 rotateRight()	左转 rotateLeft()

所需器件

- 红外避障模块　　　2 个
- 4P 数据线　　　　 2 根

模块安装

红外避障
模块安装

　　将红外避障模块通过 8 mm 长的铜柱分别固定在小车前方两侧。

　　红外避障模块安装示意图如图 10 - 12 所示。

图 10 - 12 红外避障模块安装示意图

连接数据线

红外循迹模块连线表如表 10 - 6 所列。

表 10 - 6　红外循迹模块连线表

部件名称	部件引脚	扩展板引脚
左侧避障模块	DO	11
右侧避障模块	DO	10

项目上传　　　红外避障模块的控制程序和上两个项目类似,本项目不再赘述,请大家自己编写。

项目运行　　　自己编写程序上传后,看一下小车避障的运行效果。

项目进阶　　　基于差分传感器的机器人控制行为,要求两个或两个以上的传感器。将超声波传感器安装在舵机上,通过舵机的转动达到多个传感器的效果,尝试使用超声波和舵机的组合来实现差分避障小车。

　　峡谷效应　当避障小车遇到如图 10 - 13 所示的情形时,左侧避障模块检测到有障碍,小车右转;右侧避障模块检测到有障碍,小车左转。如此反复,小车陷入由右转和左转两个相互抵触的命令轮流控制机器人的情况。小车的这种不能脱离内部角落的现象称为峡谷效应,如图 10 - 13 所示。峡谷效应是机器人抖动现象的特例。

图 10 - 13　峡谷效应示意图 1

　　可以使用一种简单的方式来修正刚才的避障行为,当机器人检测到两侧都有障碍物时,进行后退操作,这样机器人就能从任何一个峡谷中退出来。然而这种做法并没有从根本上改善这个行为。

　　当机器人退出峡谷,直到感知不到任何物体为止,随后机器人又将再次进入,再次检测到两侧的墙壁,然后又一次后退。依旧处于永无休止的重复循环过程,如图 10 - 14 所示。

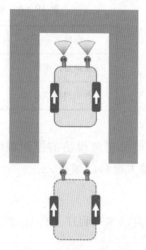

图 10 - 14 峡谷效应示意图 2

峡谷效应的解决 峡谷效应的解决一般有如下几种方法。

① 有针对性地分析使用场景，使用多种传感器协同工作。例如，使用位置定位传感器，通过机器人的运动轨迹来判断是否处于峡谷效应。

② 避免出现互反性操作。抖动现象是因为有两个互斥的动作轮流控制机器人，如果避免出现互反性操作，就可以避免峡谷效应的出现。以本项目举例，不管左侧还是右侧出现障碍物时，都执行左转或者右转一个动作，这样就永远不会发生峡谷效应中的左右摆动现象。但这种方法的缺点是，机器人据此执行有可能无法完成期望的任务。

③ 判断峡谷效应，使用第三个命令接管机器人的控制权。要判断峡谷效应，可以采用循环诊断行为，建立行为状态数组，将互斥的行为状态和持续时间，保存在状态数组中，循环判断持续时间是否相近，确定机器人是否处于峡谷效应。如处于峡谷效应时，则执行互斥行为中的一个行为，直到峡谷效应解除，或者执行第三个命令接管机器人的控制权。

结业项目设计——疯狂迷宫

经过本书的系统学习,我们已经掌握了 Arduino 软硬件的基本功能,应用所学知识,通过项目设计与制作来实现自己的想法或解决生活中的实际问题,从而达到加深对所学知识的理解和提高自己综合能力的目的。

项目任务主题: 设计并制作一个迷宫穿梭机装置,按照要求将迷宫中的物体从迷宫中移出。

操控时间: 2 分钟。

场地:

1. 场地用黑色胶带标出 2 m×2 m 的正方形区域,代表迷宫的最外围边界。在正方形区域内还有以黑色胶带贴出的 4×4 的格子,如下图细实线所示。

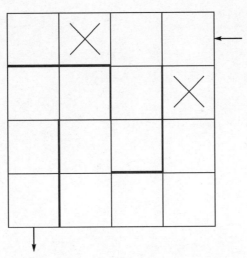

2. 图中粗实线代表迷宫墙,迷宫墙的厚度 5 cm,高度 8~10 cm。"×"代表可以摆放物件的方格,入口和出口都以箭头标示,指向迷宫内的箭头为入口,指向迷宫外的箭头为出口

要求:

1. 迷宫穿梭机首先必须由入口进入,然后移除物件,最后必须从出口离开迷宫。

2. 移除物件是利用自己设计的移除方法将自备的一件物品从迷宫里移除。

3. 物件要放置在两个标有"×"方格中的一个内。

4. 物件成功移除的条件是整个物件必须完全移出至迷宫 2 m×2 m 的正方形区域以外。

5. 充分利用各种数字工具，控制采用 Arduino 系列控制器。

项目完成形式：

1. 项目装置实物。

2. 项目 PPT。PPT 必须至少包含项目的设计方案选择、项目实施过程中所遇到的实际问题和解决方案、项目制作过程图片、项目代码、项目实物五个方面的内容。

3. 项目实物演示视频，3 分钟以内。

项目上传网址：www.imakeedu.com。

附录 A Mixly 各功能模块介绍及使用

如果您是一位零基础的读者,可能会遇到一些不能理解的概念,笔者的建议是跳过不理解的部分,接着往下阅读,也许通过后面具体的实例就能更直观地理解这些概念了。

A.1 Mixly 各功能模块介绍

A.1.1 输入/输出

输入/输出中的模块如图 A-1 所示。

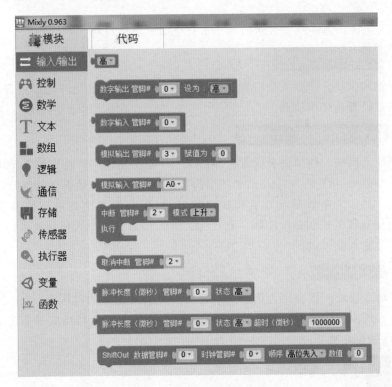

图 A-1 输入/输出中的模块

对于硬件控制板来说，引脚的输入/输出控制是最基本的操作。电子学的世界中实际上只有两种信号：数字信号和模拟信号，而硬件控制板要处理的，或者说是我们在制作电子作品时需要处理的也就是这两种信号，外围使用的各种传感器、驱动部件都可以归结为这两种信号。每种信号又分为输入和输出两种处理形式，所以最基本的就是 4 种情况：引脚的数字量输入、引脚的数字量输出、引脚的模拟量输入、引脚的模拟量输出，而串行通信实际属于数字信号处理的一种扩展。通过输入/输出分类中的模块能够实现引脚输出高低电平，或检测引脚上允许范围内的电压输入。单击模块中的输入/输出分类会弹出如图 A－1 所示的模块列表，介绍如下：

❑ 高低数值模块。该模块会提供一个高或低的数值，表示引脚输出高电平或低电平，通过模块中的下拉菜单箭头可以更改提供的数值。

❑ 数字输出模块。该模块会设置具体的某一个引脚输出高电平或低电平。模块中有两个参数可以改变，一个是前面的引脚数，单击下拉菜单箭头会弹出可以控制的引脚列表。另一个参数是设置引脚的高低电平，和上一个模块一样，也是通过下拉菜单箭头改变。

注意：实际上第二个参数用的就是第一个高低数值模块。

❑ 数字输入模块。该模块会获取具体的某一个引脚输入的电平是高还是低，模块中的参数是设置具体引脚的。

❑ 模拟输出模块。该模块会设置具体的某一个引脚输出一个特定的电压值。模块中有两个参数可以改变，一个是前面的引脚数，单击下拉菜单箭头会弹出可以控制的引脚列表。另一个参数是设置引脚输出的电压值，最终输出的电压值范围是 0～5 V，不过控制板的控制精度能够达到 0.019 5 V，所以这个参数值的范围是 0～255。参数值直接输入就可以。

❑ 模拟输入模块。该模块会获取具体的某一个引脚输入的电压值，单击下拉菜单箭头会弹出可以使用的引脚列表。控制板会将获取的电压值转换成一个范围在 0～1 023 之间的正整数。

❑ 中断控制模块。该模块会在某个引脚电平变化的时候产生一个中断执行模块中

170

包含的程序块。模块中有两个参数可以调整,一个是前面的引脚数,单击下拉菜单箭头会弹出可以控制的引脚列表。另一个参数是设置中断触发模式,单击下拉菜单箭头可选择电压上升、下降或变化。

❑ 取消中断 管脚# 2

取消中断模块。该模块能够取消某个引脚的中断。

❑ 脉冲长度(微秒)管脚# 0 状态 高

脉冲长度模块。该模块能够获取相应引脚持续一种状态的时间长度。第一个参数是对应的是引脚,第二个参数是选择获取哪种状态的时间长度,通过单击下拉菜单箭头可选择高或低。

❑ 脉冲长度(微秒)管脚# 0 状态 高 超时(微秒) 1000000

带超时限制的脉冲长度模块。该模块与上一个模块的功能类似,只是加了一个超时的参数。

❑ ShiftOut 数据管脚# 0 时钟管脚# 0 顺序 高位先入 数值 0

移位输出模块。该模块需要用到两个引脚,一个当作数据引脚,一个当作时钟引脚。以数字脉冲的形式发送最后的数据参数。数据参数前面的数据参数可以通过下拉菜单箭头选择"高位先入"还是"低位先入"。

A.1.2 控 制

控制是支撑起整个程序逻辑关系的主题,有了控制才能实现不同程序模块的选择和跳转。单击模块中的控制分类会弹出如图 A - 2 所示的模块列表,介绍如下:

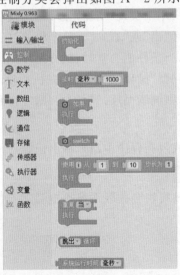

图 A - 2 控制中的模块

171

初始化模块。由于直接放在程序构建区的模块是在 loop 中循环运行的，所以如果我们希望某个程序模块只在初始化时运行时，就需要将对应的模块放在初始化模块中。

延时模块。该模块能够让程序等待一段时间。模块中有两个参数可以修改，一个是前面的延时时间单位，单击下拉菜单箭头可选择毫秒或微秒（1 毫秒＝1 000 微秒）。另一个参数是设置延时的时间，这个参数直接输入就可以，单位就是前面的参数值。

☐

选择结构模块。该模块用于实现判断的选择结构。

☐ switch

switch 选择结构模块。该模块用于实现多分支的 switch 选择结构。

一定次数内的循环结构模块。该模块用于实现一定次数的循环结构。

循环结构模块。该模块用于实现"当型"循环结构或"直到型"循环结构。通过参数中的下拉菜单箭头可选择"当"或"直到"。整个模块可以添加一个条件值。

在"当型"循环结构中，当条件值为真时，执行循环体语句；当条件值为假时，跳出循环体，结束循环。在"直到型"循环结构中，会先执行模块中的程序块，然后再判断条件值是否为真，如果为真则继续循环；如果为假则终止循环。

☐ 跳出 循环

跳出循环模块。该模块放在程序中用来跳出任意一种循环体。

☐ 系统运行时间 毫秒

系统运行时间模块。该模块会获取系统上电后运行的时间，通过参数可选择的时间单位是毫秒还是微秒。

A.1.3 数 学

数学分类中是一些与数学相关的模块，单击模块中的数学分类会弹出如图 A‑3

所示的模块列表,介绍如下:

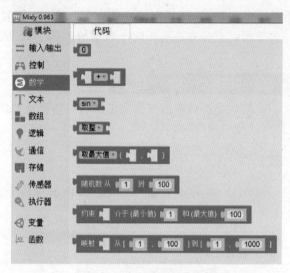

图 A-3　数学中的模块

❑

数值模块。该模块会提供一个数值,可作为其他模块的参数或条件。

❑

运算模块。该模块能够实现两个数据的加减乘除以及取余、半加操作,运算方式可以通过下拉菜单箭头选择。

❑ sin

三角函数模块。该模块能够实现一些三角函数的运算。通过下拉菜单箭头可选 sin、cos、tan、atan、asin 以及 acos。

❑ 取整

该模块能够实现一些简单的单个数据的运算。通过下拉菜单箭头可选取整、取绝对值、平方、平方根和自然对数。

❑ 取最大值

取最大值模块。该模块会在后面的两个数据中选出较大或较小的,通过下拉菜单箭头可选取最大值或取最小值。

❑ 随机数从 1 到 100

随机数模块。该模块会在后面两个参数的范围内生成一个随机数。后面两个参数直接输入即可。

❑ 约束 介于(最小值) 1 和(最大值) 100

数字约束模块。该模块会判断第一个数值是否界于后两个数据的范围之内。如果第一个数值小于最小值的数值，则返回最小值；如果第一个数值大于最大值的数值，则返回最大值；如果第一个数值界于后两个数据的范围之内，则还是返回第一个数值。

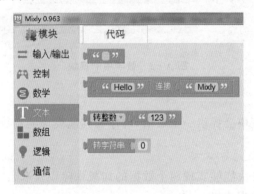

数字映射模块。该模块是将前面两个数值范围内的数值等比映射到后面两个数值范围内。

A.1.4 文　本

文本分类中是一些与字符、字符串相关的模块，单击模块中的文本会弹出如图 A-4 所示的模块列表。

图 A-4　文本中的模块

文本分类中只有 4 个模块。第一个模块是字符串模块，该模块会提供一个字符串，内容直接在双引号中输入即可；第二个模块是文本连接模块，该模块能够将两个字符串结合成一个字符串；第三个模块是文本转数字模块，该模块能将数字字符串转成数据；而第四个模块与第三个模块相反，是数字转文本模块，该模块能够将数字转换成字符串。

A.1.5 数　组

数组分类中是一些与数组操作相关的模块，单击模块中的数组会弹出如图 A-5 所示的模块列表。

数组可以理解为一串用来存储数据的空间。数组分类中的模块就是对这些空间的操作，包括往空间中放入数据和从空间中拿出数据。

其中，往空间放入数据的模块有 3 个，分别为第 1 个、第 2 个和第 5 个。不同的是第一个是通过一个一个变量的形式整体放入数据，第二个是通过一个字符串的形式整体放入数据，而第五个一次只能往一个空间放入数据。

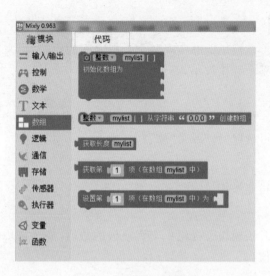

图 A - 5　数组中的模块

从空间拿出数据的模块是第四个,该模块能够从指定的空间中将数据取出。

另外,在数组分类中还有一个模块能够获得数组的长度,这个模块是数组分类中的第三个模块。

A.1.6　逻　辑

逻辑分类中是逻辑操作的模块,单击模块中的逻辑会弹出如图 A - 6 所示的模块列表,介绍如下:

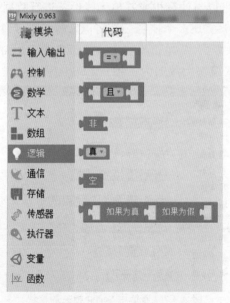

图 A - 6　逻辑中的模块

❑

条件判断模块。该模块能够实现两个数据之间的比较，用来判断两个数是否相等，哪个数比较大，哪个数比较小，等等。

❑

逻辑运算模块。该模块实现两个条件之间的与或操作，与在这里表示为"且"。通过下拉菜单箭头可选取"且"或是"或"。

❑ 非

该模块实现逻辑非操作。

❑ 真

真假数值模块。该模块会提供一个真或假的数值，通过模块中的下拉菜单箭头可以更改提供的数值。

❑ 空

空模块。该模块会提供一个空操作。

❑ 如果为真 如果为假

条件选择模块。该模块会判断第一个条件，如果为真则会返回模块中"如果为真"后面的数据，如果为假则会返回模块中"如果为假"后面的数据。

A.1.7　通　信

通信是硬件开发过程中另一块非常重要的功能，控制板通过串行数据的形式（包括 Serial、I^2C、SPI 等）可以与计算机或其他无线设备进行数据交换，也能够扩展很多外围的硬件模块，还能够实现多个控制板之间信息的互联互通。

通信分类中的模块非常多，单击模块中的通信会弹出如图 A-7 和 A-8 所示的模块列表。这里将这些模块大致归为三种：与 Serial 相关的（见图 A-7）、与红外遥

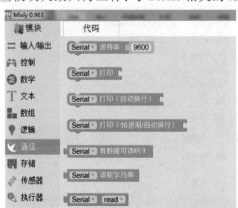

图 A-7　通信中 Serial 相关的模块

控相关的以及与 I²C 相关的(见图 A‑8)。三者都是利用一串有规律的数字变化量来传递信息的,只是所占用的引脚、具体的数据格式有所不同。

图 A‑8　通信中红外遥控和 I²C 相关的模块

我们在使用软件的过程中不用具体去了解硬件是如何实现的,只要掌握模块的功能就好了。模块介绍如下:

❑ Serial▼ 波特率 9600

波特率设置模块。该模块用来设置 Serial 端口的波特率。

说明:因为 Serial 方式没有时钟引脚,为了能够让通信双方知道什么时候提取下一位数字量,所以需要设定波特率作为彼此通信的标准速率。

❑ Serial▼ 打印

　　Serial▼ 打印《自动换行》

　　Serial▼ 打印《16进制/自动换行》

这三个模块的功能都是让控制板向外发送数据,不同的是三者发送的格式和内容有所差异。第一个就是发送后面所跟着的字符串,第二个会在字符串之后增加一个换行符,而第三个是发送的十六进制。

说明:换行符是看不到的,不过如果以数据的形式显示是有内容的。

❑ Serial▼ 有数据可读吗?

该模块会告诉我们硬件的 Serial 接口是否收到了数据。

❑ Serial▼ 读取字符串

　　Serial▼ read▼

这两个模块是用来读取硬件的 Serial 接口收到的数据的。不同的是第一个模块是按照字符串的形式读取的，而第二个模块是按照字节来读取的。

该模块实际上是一个组合形式的模块，是红外接收加上一个控制板向外发送数据的模块。模块的功能是从指定的引脚接收红外数据，并将数据放入变量 ir_item 中。然后使用之前介绍的"Serial 打印"模块将变量 ir_item 的值发送出去。

□ `红外发射（NEC）管脚# 3 数值 0x89ABCDEF 比特数 32`

该模块能够按照一定格式通过指定引脚发送数据。

□ `红外接收并打印数据（RAW）管脚# 0`

该模块的功能是在接收到红外信号时以 RAW 格式通过 Serial 接口发送出来。

□ `红外发射（RAW）管脚# 3 数组 0,0,0 数组长度 3 频率 38`

该模块的功能是在指定引脚以 RAW 格式发送数组数据，最后面的两个参数，一个是数组的长度，一个是发送的频率。

□ `I2C写入 设备地址 / 值`

该模块的功能是通过 I^2C 接口发送数据，发送时要指定设备地址和数值。

□ `I2C读取 设备地址 / 字节数`

`I2C读取`

这两个模块的功能是通过 I^2C 接口读取外部设备的数据。通过 I^2C 接口读取数据需要两个操作：首先，是要设定需要读取数据的地址以及希望读取的字节数；然后，是利用第二个模块来读取数据。

A.1.8 存 储

存储分类中包含了 SD 卡和内部 EEPROM 的存储操作模块，单击模块中的存储会弹出如图 A-9 所示的模块列表。

其中 SD 卡的操作模块只有一个，功能就是将一串字符串写入 SD 卡中的指定的文件中。

而另外两个模块都是操作 EEPROM 的。与 I^2C 的相关模块类似，一个是写入，一个是读取，不过因为 EEPROM 只能读取一个字节，所以这里只有一个读取数据的模块。

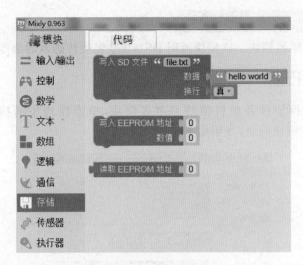

图 A-9　存储中的模块

A.1.9　传感器

传感器中的模块涉及超声波传感器和温湿度传感器,单击模块中的传感器会弹出如图 A-10 所示的模块列表,介绍如下:

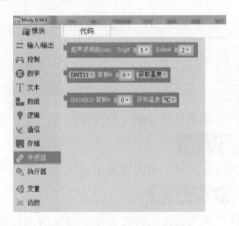

图 A-10　传感器中的模块

❏ 超声波测距(cm)　Trig# 1▾ Echo# 2▾

超声波测距模块。该模块返回超声波传感器的距离值。

❏ DHT11▾ 管脚# 0▾ 获取温度▾

温湿度传感器模块。该模块返回温湿度传感器 DHT11、DHT12、DHT22、DHT33、DHT44 的温度和湿度。

❑ DS18B20 管脚# 0 ▾ 获取温度 °C ▾

数字温度传感器模块。该模块返回 DS18B20 温度传感器的温度值。

A.1.10　执行器

执行器中的模块涉及舵机模块和声音模块,单击模块中的执行器会弹出如图 A - 11 所示的模块列表,介绍如下:

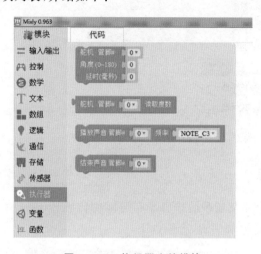

图 A - 11　执行器中的模块

❑

舵机模块。该模块控制舵机转动相应的角度。

❑ 舵机 管脚# 0 ▾ 读取度数

舵机角度模块。该模块返回舵机的当前角度。

❑ 播放声音 管脚# 0 ▾ 频率 NOTE_C3 ▾

声音播放模块。该模块先指定引脚发出指定频率的声音信号。

❑ 结束声音 管脚# 0 ▾

声音结束模块。该模块停止指定引脚的声音信号输出。

A.1.11　变量和函数

变量分类中是对变量操作的一些模块,单击模块中的变量会弹出如图 A - 12 所示的模块列表。

变量分类中的第一个模块是用来声明变量的,声明变量需要定义变量的名字、变量的类型以及要给变量一个初始值。

变量分类中第二个模块是为变量赋值的,而三个模块会提供变量的值。

最后,函数分类中是对函数操作的一些模块,单击模块中的函数会弹出如图 A-13 所示的模块列表。

图 A-12　变量中的模块

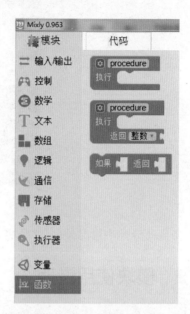

图 A-13　函数中的模块

函数分类中的第一个模块和第二个模块都是定义函数的,两者不同的是,第一个模块定义的函数是无返回值的,而第二个模块定义的函数是有返回值的。在定义函数时要提供函数名。

而函数分类中的第三个模块是用在定义的函数内部,功能是用来让函数返回预定的返回值。如果前面的条件正确,就返回后面的参数值。

变量和函数是两个能够自适应的分类,其内部的模块是随着我们定义的函数和变量而变化的。就是说如果我们定义了一个变量或函数,那么这个定义的变量和函数就会出现在模块的分类中。这里以定义一个函数为例来进行简单说明。

拖拽函数分类中的第一个模块放在程序构建区,并将其命名为 test,效果如图 A-14所示。

图 A-14　定义一个名为 test 的函数

这样我们就定义了一个名为 test 的函数，只是这个函数的内部为空。此时我们再点开函数分类，就会发现里面多了一个名为"执行 test"的模块，如图 A - 15 所示。

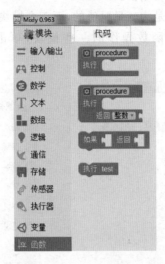

图 A - 15　新增的"执行 test"模块

变量的分类中情况类似，之后也会用到这部分内容。

A.2　模块使用说明

下面简单说明 Mixly 中模块的用法。

通过观察上面介绍的各个模块，我们能发现每个模块要么多一块，要么少一块，都不是正规的长方形。这点不同就表示了模块属于那种类型，是以什么形式放在程序块中。模块整体的外观设计遵循从上到下，左出右入的原则；在形状方面，上方是三角形的缺口，下方是三角形的凸起，左侧是拼图样式的连接凸起，右侧是拼图样式的连接缺口。

这里以通信分类中 I^2C 写入模块来做一个简单的说明。

该模块上方有一个三角形的缺口，说明模块能够连接到下方有三角形凸起的模块下面。而这个模块下方也有一个三角形的凸起，说明这个模块下方能够连接上方有三角形缺口的模块。如果该模块放在一段程序块中，则程序运行的顺序是先执行该模块之前的模块，再执行该模块，然后执行这个模块之后的模块。

另外这个模块右侧还有 2 个拼图样式的连接缺口，表示模块右侧能够连接两个左边有拼图样式连接凸起的模块，这两个连接的模块是这个模块运行时需要输入的参数。对于这个模块可以连接数学分类中的第一个模块。

这个模块左侧有一个拼图样式的连接凸起，表示模块能够输出或提供一个数值。

而这个模块其他三个边都很正规，没有什么变形，说明该模块既不能接到什么模块下面，也不能在下面连接什么模块，而且还不需要输入什么参数。

两个模块连接之后如图 A - 16 所示。

图 A - 16　模块连接示例

除此之外，还有两种稍微特殊的模块，一种是半包围形状的模块，这种模块通常表示程序分支结构的模块，模块中可以包含一段程序块；另一种是内部可包含其他数值输出类型模块的模块。

这里以控制分类中的选择结构模块和输入/输出分类中的数字输入模块为例进行一个简单的说明，如图 A - 17 所示。

图 A - 17　选择结构模块

选择结构模块上方有一个三角形的缺口，说明模块能够连接到下方有三角形凸起的模块下面；模块下方也有一个三角形的凸起，说明这个模块下方能够连接上方有三角形缺口的模块；模块右侧有一个拼图样式的连接缺口，表示模块右侧能够连接一个左边有拼图样式连接凸起的模块，这里我们连接了一个输入/输出分类中的数字输入模块。

数字输入模块中引脚参数的样式很像数学分类中的第一个模块，虽然我们通过下拉菜单箭头能够修改其中的参数，不过如果直接拖拽一个数值模块放在这里也是可以的。此处数字输入模块后面默认包含了一个数值为 0 的数值模块，所以在拖拽出来的数字输入模块中这个参数的位置是填好的，不过在软件当中还有一些模块中的参数位置是空的，这种模块就是真正的内部可包含其他数值输出类型模块的模块，如数学模块中的运算模块 　。

而在半包围形状的上方同样有一个三角形的凸起，说明这里也能够连接上方有三角形缺口的模块。这里我们将之前的 I^2C 写入模块放在这里。

完成后的程序块如图 A - 17 所示，此时这个程序块实现的功能是判断引脚 0 输入的数字信号，如果为真的话，才会执行选择结构模块中包含的 I^2C 写入模块，否则是不会执行 I^2C 写入模块的。

图形化编程的优势就是程序的逻辑很直观，不太会出现所谓语法上的错误。对于 Mixly 来说本人常用以下的四句话作为模块使用的总结：三角对三角，拼图对拼图，左边不能鼓，右侧不能缺。

语音模块内容对照表

地 址	内 容	地 址	内 容	地 址	内 容
1	老师	24	祝	47	转
2	爸爸	25	慢走	48	左
3	妈妈	26	欢迎光临	49	右
4	爷爷	27	亲爱的	50	请
5	奶奶	28	同学们	51	已
6	姥姥	29	工作辛苦了	52	现在
7	姥爷	30	点	53	是
8	哥哥	31	打开	54	红灯
9	姐姐	32	关闭	55	绿灯
10	叔叔	33	千	56	黄灯
11	阿姨	34	百	57	温度
12	上午	35	十	58	湿度
13	下午	36	1	59	欢迎常来
14	晚上	37	2	60	还有
15	前方	38	3	61	秒
16	厘米	39	4	62	分
17	新年快乐	40	5	63	变
18	身体健康	41	6	64	等
19	工作顺利	42	7	65	下一次
20	学习进步	43	8	66	功能
21	您好	44	9	67	障碍物
22	谢谢	45	0	68	世界那么大，我想去看看
23	的	46	当前		

索　引

A

analogRead 75

analogWrite 79

B

break 语句 67

比较运算符 58

闭环控制 149

C

const 45

continue 语句 68

D

delay 41

digitalWrite 40

电流 29

电压 29

电阻器 30

抖动现象 153

短路 32

E

二极管 114

F

for 循环语句 67

发光二极管 34

复合运算符 68

H

H 桥电路 136

红外函数库 121

I

if 语句 57

J

接地 29

晶体三极管 115

K

开环控制 149

库 90

L

loop() 22

逻辑运算符 58

M

map() 83

脉冲宽度调制 79

模拟信号 33

N

内部上拉 56

O

欧姆定律 31

P

pinMode 40

pulseIn() 函数 102

S

Serial 22

Servo 库 94

setup() 22

switch…case 122

上拉电阻电路 54

数据类型 46

数字信号 33

顺序结构 41

算术运算符 68

V

Voice 库 102

W

while 循环语句 66

无符号数 46

X

峡谷效应 165

下拉电阻电路 55

信号（Single） 33

选择结构 57

循环结构 66

参考文献

［1］［美］Dale Wheat. Arduino 技术内幕［M］. 翁恺，译. 北京：人民邮电出版社，2015.

［2］［美］Pull Scherz,Simon Mokn. 实用电子元器件与电路基础［M］. 夏建生，王仲奕，刘晓晖，等译. 北京：电子工业出版社，2015.

［3］童诗白，华成英. 模拟电子技术基础［M］. 北京：高等教育出版社，2014.

［4］程晨. 自律型机器人制作入门——基于 Arduino［M］. 北京：北京航空航天大学出版社，2013.

［5］程晨. 米思齐实践手册 Arduino 图形化编程指南［M］. 北京：人民邮电出版社，2017.

［6］程晨，林宇. 米思齐电子学基础教程［M］. 北京：北京航空航天大学出版社，2017.

［7］陈吕洲. Arduino 程序设计基础［M］. 2 版. 北京：北京航空航天大学出版社，2015.

［8］赵英杰. 完美图解 Arduino 互动设计入门［M］. 北京：科学出版社，2014.

［9］彭昆. Arduino 智能硬件项目实战指南［OL］.［2018］. http://www.imakeedu.com.

［10］Arduino. Getting Started with Arduino and Genuino Products［OL］.［2018］. http://www.arduino.cc.

［11］Microchip Technology Inc. 8-bit PIC and AVR Microcontrollers［OL］.［2018］. http://www.microchip.com.

［12］Mixly Team. Let Mixly［OL］.［2018］. http://www.mixly.org.